计算机视觉

图像与视频数据标注

Data Annotation for Computer Vision Image and Video

旷视科技数据业务团队 ◎ 编著

人 民 邮 电 出 版 社
北 京

图书在版编目（CIP）数据

计算机视觉图像与视频数据标注 / 旷视科技数据业务团队编著. -- 北京 : 人民邮电出版社, 2020.12
ISBN 978-7-115-54942-6

Ⅰ. ①计… Ⅱ. ①旷… Ⅲ. ①计算机视觉－数据处理 Ⅳ. ①TP302.7

中国版本图书馆CIP数据核字(2020)第196619号

内 容 提 要

随着人工智能和大数据技术的发展，数据标注行业也迎来了飞速发展，其中与计算机视觉相关的标注数据需求量大，受关注程度很高，因此需要大量的数据标注工程师从事数据标注的工作。旷视依托自己开发的 Data++数据标注平台，以图文并茂的方式编写了本书，目的是指导数据标注人员科学、正确地进行数据标注操作。本书将会介绍人工智能的发展概况、标注行业发展的前景、数据标注的理论知识及利用旷视 Data++数据标注平台进行数据标注的基本操作流程，讲解计算机视觉中的数据标注工具，如通用标注工具、检测标注工具、识别标注工具及其他标注工具。

本书适合算法工程师、数据标注工程师、数据标注公司相关从业人员阅读，也适合高等院校计算机、人工智能、大数据专业的师生学习，还可作为高职、中职院校和培训学校的教材。

◆ 编　　著　旷视科技数据业务团队
　责任编辑　张　涛
　责任印制　王　郁　焦志炜

◆ 人民邮电出版社出版发行　　北京市丰台区成寿寺路 11 号
　邮编　100164　　电子邮件　315@ptpress.com.cn
　网址　https://www.ptpress.com.cn
　北京博海升彩色印刷有限公司印刷

◆ 开本：800×1000　1/16
　印张：13
　字数：252 千字　　　　2020 年 12 月第 1 版
　印数：1－2 500 册　　　2020 年 12 月北京第 1 次印刷

定价：69.00元

读者服务热线：(010)81055410　印装质量热线：(010)81055316
反盗版热线：(010)81055315
广告经营许可证：京东市监广登字 20170147 号

本书编委

主编： 苏意轩

编委： 丁银萍　洪路燕　崔倩倩　李天淳　杜赫杰

序一

2016 年，谷歌开发的 AlphaGo 以 4:1 击败了当时的世界围棋冠军、职业九段棋手李世石。人工智能这个诞生于 1956 年美国达特茅斯会议上的新学科，从专业的学术界人群的研究领域闯进大众的视野，用一种强烈的方式宣告人工智能时代的到来。人工智能在以计算机视觉、语音识别、自然语言处理为代表的应用领域迅猛发展，孵化了人脸识别、语音交互、机器翻译等相关产品，应用到人们工作和生活的方方面面。

在这一波革命浪潮之前，人工智能的发展经历了“三起三落”，这主要是学科方法和框架上的局限所导致的。当前，正在经历的这一次革新有着自身鲜明的特征：一方面，深度学习依靠“海量的标注数据 + 统一的机器学习框架 + 强大的硬件计算力”，在实践中证明了其无可争议的有效性；另一方面，人们注意到深度学习的“数据饥饿”问题，没有足够的标注数据，训练模型的精度就无法得到保证。传统上（以及现在）训练数据的获取依赖大量的人工标注工作，因此人工智能任务的焦点变成了如何快速地获取高质量的标注数据。

学术界对这一挑战的回应是找到不再依赖大量人工标注数据的新的半监督，乃至无监督方法和框架。一些方法已经获得进展，但是较普适性的方法还没有出现。在突破性的理论出现前，工业界应对这一挑战的方法是标准化的数据标注的产业分工思路。一批围绕视频、图像、语音和文本语料进行数据采集、标注和整理的公司涌现出来，数据标注工程师这一新兴岗位获得了越来越多人的关注，数据采集和标注产业在近几年的快速发展中成熟起来。

但是行业中很多专家注意到一个越来越明显的失衡：一方面，人工智能公司越来越依赖一些专门的数据标注公司所提供的服务；另一方面，鲜有技术团队和专家深入分析数据标注与处理过程中所使用的工具、流程和规范，业界数据服务提供商良莠不齐，缺乏统一的标准和质量体系。一个明显的例子是“数据偏置”问题，标注数据本身的获取、采样方式，预处理、标注的质量和精度，都有可能对训练模型的任务产生意想不到的影响。这对于人工智能产业的发展无疑是不利的。

作为业界知名的人工智能领军企业，旷视在人工智能工业化应用过程中沉淀了一套自己的关于数据处理和数据标注的理念、方法、操作规范和工具平台，且在实践中证明其能有效提高工作效率和质量。现在旷视愿意把这些方法系统地总结和共享出来，希望本书能对人工智能数据服务商，乃至人工智能技术和产品公司本身的数据建设起到一些启发作用，吸引更多业界力量关注这一领域，共同推动数据标注行业更高质量地进行发展。

“不积跬步，无以至千里。”人工智能在各个行业的应用不断推进，产业上下游中的各个环节都需要更多扎实的基础工作。数据的获取问题将长期是人工智能发展中的一个关键课题，相信本书将为数据标注行业走向标准化和成熟化起到推动作用。

曹志敏，旷视高级副总裁

序二

2019 年年底，我的一位同事找到我，问了我一个问题：如果我们的团队想成为数据基础服务行业的引领者，那么为什么不把我们在数据基础服务上这么多年的探索经验向行业输出呢？这也许能让更多的人参与到人工智能的数据建设中。我觉得这是一个很好的建议，开始以此作为一个努力方向，并最终促成了本书的诞生。

2014 年，我加入旷视，作为一名文科专业毕业的大学生，我其实搞不懂什么是深度学习，但总感觉这是一件大事。2014 年的夏天，正是巴西世界杯足球赛准备开幕的时候，有合作伙伴找到我，说很多女生不认识球星，想做一个球星识别的小应用。那时，公司的算法负责人说需要 32 支球队中每名队员多张照片标注后的数据。当时，我们就组织了一支“数据标注突击小分队”，利用业余时间完成了 32 支球队所有球员的准确标注。在我的印象里，这是旷视数据业务团队第一次大规模地进行数据标注，作为一名资深足球迷的我无意中扮演了第一标注员的角色。

这几年，随着人工智能技术的突飞猛进，人工智能再也不是科幻世界里想象出来的东西。人工智能快速地在各行各业开花、结果，产生了各种各样的应用，真正地助力了生产力的飞速提升。在人工智能领域，算法和算力一直得到更多的关注，数据其实很少出现在公众的视野中。当然，有时数据的出现基本与“人工智能背后的人工”等相关联。作为人工智能的三要素之一，数据能够将现实世界数字化，完成人类知识的沉淀和传递。数据是人工智能完成认知的“第一老师”，使命重要且不寻常。

随着人工智能向前发展，我们越来越感觉到让更多的人加入人工智能的建设中是一种责任，也是出版本书的意义。本书是旷视多年以来在数据项目上的经验总结，是许多优秀的项目经理、标注员、验收员历经每年几千个项目、数亿标注任务的磨炼后汇总的心得，源于实战，具有非常大的实践指导意义。同时，本书也传达了旷视对数据标注这一领域的理解，表达了旷视对数据标注这一领域的态度。本书专门介绍了数据隐私保护的意义和做法，我们希望所有的参与者都能够敬畏数据，严于律己。

最后，感谢为旷视数据业务团队这么多年的发展作出贡献的每一位同事。传递知识是一件具有崇高使命感的事情，希望我们的这一点努力能让更多的人参与到人工智能数据的建设中。

李璟，旷视 Data++ 业务总经理

推荐语

旷视数据业务团队从 2015 年开始为旷视研究院提供服务，后续开展对外商业化运营。该团队在成长过程中形成了完备的知识体系，积累了大量的实战经验。我们希望通过本书可以吸引更多人进入数据服务行业，并将相关知识和经验传递给整个行业，与业界朋友共同构建高质量、高效率的数据生产生态系统，为人工智能应用和业务数字化打下坚实的基础。

任志伟，旷视资深副总裁

数据是 AI 时代的“新能源”。在大家都意识到数据资产的重要性后，围绕其产生的一系列服务就成为这个时代最受关注的新兴产业。随着数据服务行业的高速发展，如何为这个行业“立言，立功，立德”就成为从业者需要深入思考、积极探索的课题。

旷视基于过去几年在计算机视觉的数据服务领域积累下来的丰富经验，推出了本书。书中既涵盖了业界的通用做法，又分享了企业多年积累下来的实践经验，希望读者能通过学习本书有所收获，也希望若干年后我们回顾数据标注行业发展历史的时候，本书能占有一席之地。

徐云程，旷视 COO

本书是旷视为数据标注从业者提供的学习指南。本书对于数据标注行业的从业人员是很好的学习材料，对于关心 AI 发展的各界人士也是很好的研究资料。数据标注行业的发展方兴未艾，而且任重道远。我们需要更多有行业经验和社会责任感的企业将自己的内部知识总结和归纳后分享给公众。

旷视 AI 治理研究院

前 言

编写本书的初衷

2019 年年末，旷视的任志伟对我说：我们在图像数据标注教育上积累了丰富的经验，应考虑将这方面的技术和经验进行总结，以书的形式供有意向或正在从事基础数据标注工作的从业者学习。在听到他的建议后，我有了将旷视 Data++ 数据标注培训内容编写成书的想法。自深度学习被逐渐重视以来，数据标注行业也随之在十几年内取得了快速发展。然而，整个数据标注行业的相关学习资源依然缺乏，行业标准化体系尚未完善。同时，个别企业自身数据管理规范性不强，导致与数据安全及隐私相关的问题时有发生，因而饱受业内外诟病。旷视在图像与视频识别领域深耕多年，积累了大量宝贵的计算机视觉数据标注经验。同时，旷视也是 AI 创业公司中第一个成立 AI 治理研究院的公司。作为中国 AI 行业的领军企业，旷视希望帮助行业构建一个可持续、负责任、有价值的人工智能生态系统。本书就是在这样一个大背景下应运而生的。

在编写本书的时候，我们在详细讲解数据标注工具操作流程及规则的同时，尽可能地增加了一些基础 AI 算法知识，以及数据标注在工作和生活中实际应用的案例，这样可以使数据标注工程师更直观地了解数据标注工作的重要性，从而让数据标注工程师获得更高的职业成就感。希望本书能够助帮到数据标注行业的从业者。

本书的主要内容

本书由人工智能行业独角兽企业旷视的资深专家编写，主要介绍计算机视觉数据标注的理论知识、工具应用和实际操作技术，并为此提供了丰富的数据标注项目案例。

本书分两篇，共 8 章，主要内容如下。

理论篇（第 1 ~ 4 章）主要介绍人工智能的发展概况，数据标注行业在国内的发展现状与未来展望，数据标注的理论知识，旷视数据标注平台 Data++ 及其数据标注的基本操作流程。

- 第 1 章介绍人工智能的发展概况，包括人工智能的诞生、计算机视觉技术的崛起和数据的重要性等。
- 第 2 章介绍数据标注行业在国内的发展现状与未来展望，包括数据标注行业的发展现状、数据标注工程师的简单介绍和数据标注行业的发展前景等。
- 第 3 章介绍人工智能治理相关问题，包括人工智能的可持续发展，以及数据的安全和保护。
- 第 4 章介绍数据标注服务产品，并以旷视 Data++ 数据标注平台为基础，介绍平台的使用方法和简单标注流程。

实操篇（第 5 ~ 8 章）主要介绍计算机视觉中的数据标注工具，分为通用标注工具、检测标注工具、识别标注工具及其他标注工具。

- 第 5 章介绍计算机视觉的通用标注工具，包含行人属性筛选、属性标注、框 + 属性及多边形 + 属性 4 种数据标注工具。
- 第 6 章介绍计算机视觉的检测标注工具，包含人脸 8 点、骨骼关键点及手部关键点 3 种数据标注工具。
- 第 7 章介绍计算机视觉的识别标注工具，包含一人所属照片清洗和行人重识别合并两种数据标注工具。
- 第 8 章介绍计算机视觉的其他标注工具，包含视频人脸 8 点、人脸 3D 朝向及精细分割标注 3 种数据标注工具。

致谢

本书在写作过程中得到了很多人的帮助，包括但不限于：

- 张寿奎提供了视频人脸 8 点工具的运行原理的相关内容；
- 艾江波提供了行人重识别合并工具的现状与发展的相关内容；
- 李阳提供了一人所属照片清洗工具的相关资料；
- 刘俊琦提供了行人属性筛选工具的实际应用案例；
- 何昱雯提供了精细分割标注工具的实际应用案例。

付昊、李早霞、刘杨洋、杨彦宇、吴允生、郭甜甜、安思羽、李作新、周世豪等为本书提出了修改意见，在此向他们表示感谢。

此外，感谢人民邮电出版社张涛的支持。没有他的帮助，本书不可能如此顺利地呈现在读者面前。

本书涉及内容广泛，且作者水平有限，疏漏之处在所难免，欢迎读者批评指正，以便本书在后续重印的时候加以完善。读者可以通过电子邮件（zhangtao@ptpress.com.cn）与编辑联系。

苏意轩

目　录

第1章

人工智能的发展概况

人脸识别、智慧城市、无人驾驶、智能体温检测……这些家喻户晓的词汇早已深深地根植于大众的脑海，为我们日新月异的生活助力。众所周知，这些词汇都属于听起来高深莫测、令无数人心驰神往的产业——人工智能。大家可能不知道的是，在人工智能产业中，以上所举的例子绝大部分被计算机视觉领域所覆盖。千里之行始于足下，计算机视觉领域的帷幕正在被我们用日常生活中的一张张图片与一段段视频层层地拉开。

1.1 人工智能的诞生与初兴

《旧唐书·魏徵传》中有："以史为鉴，可以知兴替。"为了更好地了解计算机视觉的现状与发展，我们首先要从历史大势中把握方向。计算机视觉领域作为人工智能的重要分支，近几十年来与人工智能共经几次沉浮。"沉舟侧畔千帆过，病树前头万木春。"我们常慨叹于人工智能产业与技术在如今的欣欣向荣，可有谁又知道人工智能在短短的几十年发展中经历过的两次凛冽寒冬期呢？人工智能发展历程如图 1-1 所示。

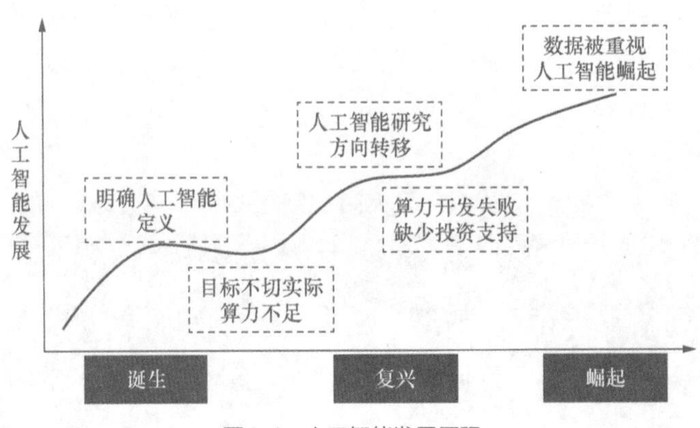

图1-1　人工智能发展历程

20 世纪 50 年代，在人工智能这个概念还未被提及之前，英国的传奇计算机科学家艾伦•图灵（Alan Turing，见图 1-2）就在他的论文"Computing Machinery and Intelligence"中提出了著名的图灵测试。

"如果一台计算机能够与人类展开对话（通过电传设备）而不能被辨别出其机器身份，那么就称这台计算机具有智能。"

虽然图灵测试的科学性受到过质疑，但是它在过去数十年内仍被广泛认为是测试计算机智能的主要标准，对人工智能的发展产生了深远影响。

图1-2　图灵

1966 年，计算机协会（Association for Computing Machinery，ACM）设立奖项专门奖励对计算机事业做出重要贡献的个人。该奖项的名称便取自世界计算机科学的先驱、英国科学家、曼彻斯特大学教授艾伦·图灵。该奖项的获得者要求极高，必须是在计算机领域具有持久而重大的先进性技术贡献，评奖程序也极为严格，因此只有极少数年度有两名以上在同一方向上做出贡献的科学家同时获奖。作为计算机最负盛名的奖项，该奖项有“计算机诺贝尔奖”之称。

直到 1956 年夏天，约翰·麦肯锡（John McCarthy）提出：“人工智能就是要让机器的行为看起来像是人所表现出来的智能行为一样。”人工智能这一划时代的新领域由此被定下了名字并宣告诞生。

随着人工智能定义的明确，以及会议后第一款自然语言对话程序 ELIZA 的诞生，世人对人工智能的兴趣空前高涨。随着美国等国家对人工智能的大力资金投入，人们期望在不远的未来见到一个拥有人类智慧的机器，由此人工智能迎来了属于它的第一波兴起。当时的专家学者对人工智能超越人类的前景普遍看好，甚至期待十年之内就会有超越人类的机器人。

然而，欲速则不达，在大家近乎疯狂地追求着概念更新与算法迭代的时候，却没有想到严重不足的算力会成为阻碍人工智能发展的绊脚石。与此同时，彼时的模型与理论只能应对简单的问题，面对稍有难度的算法却显得力不从心。在无法攻克的技术性难题面前，空前庞大的热情反倒成了人工智能发展的负担。与其他落地能力更强的技术相比，人工智能技术逐渐被政府机构以及研究机构边缘化。到了 20 世纪 70 年代，对人工智能领域的投资大幅度削减，使得人工智能产业迎来了第一个寒冬期。

1.2 人工智能的复兴与计算机视觉的初露端倪

经历了 20 世纪 70 年代中期的消沉，专家系统和两层神经元网络逐渐兴起，人工智能重新回到了大众的视野。在复兴过程中，研究人员对人工智能的研究也进行了方向转移：成果目标从第一次兴起时打造不切实际的完美通用机器人，变成研究以推理为主的具备感知、移动、生存、交互能力的机器。诚然，在算法方面，专家系统的诞生在此过程中起到了举足轻重的作用，算力方面的进步也对第五代计算机的发展推波助澜，帮助人工智能的发展取得长足进步。

复兴过程中的典型代表为语音与语义识别以及与专家系统相关的感知机模式。不过，计算机视觉在20世纪70年代后期再次悄然启动。计算机视觉起源最早可以追溯到20世纪60年代，其中“图片表示问题”从 1978 年的 2.5D Sketch 开始便逐渐有了系统的研究。

除感知的功能外，计算机视觉与二维数码图片处理存在非常大的不同，计算机视觉期待将目标以三维立体的方式从图片中分离出来，以达到让计算机进行全景理解的目的。为了让计算机记住相应的特征，人们顺理成章地想到了模仿人类视觉神经系统的方法。在20世纪80年代，较为流行的机器学习方法是反向传播算法，以此来训练多层感知器（Multilayer Perception，MLP）。然而，这种方法由于与当时的实际生活应用相差较远，未能得到充足的发展。

与此同时，自 20 世纪 80 年代初期开始，日本拨款支持第五代计算机项目。此项目的原本目的是通过大规模的并行计算来达到超级计算机的性能，包括制造出能够与人对话、翻译语言、解释图像、像人一样推理的机器，进而为未来的人工智能发展提供平台。然而，科学家发现，此项目的应用领域过于狭窄，且更新迭代和维护成本非常高，最终以失败告终。算法上的不成熟以及与类似“第五代计算机”这样的大型项目发展的失败，导致市场再次对人工智能心灰意冷。人工智能随即迎来第二次寒冬期。直到 1997 年“深蓝”的横空出世，方才宣告人工智能的复苏。

1.3 数据被重视，人工智能崛起

伴随着“深蓝”带来的积极影响，人工智能真正做到了厚积薄发。20 世纪 90 年代至 21 世纪初，科研人员更加务实的研发目标使人工智能在各个场景中更好地实现落地，成功应用到生活中多个领域。学者们也将各个学科的先进知识理论，尤其是数学工具，引入人工智能领域，确保人工智能可以拥有更扎实可行的理论基础。在算力方面，自人类迈入“大数据”时代，计算机芯片的计算能力持续高速增长。在研发目标明确可行后，算法和算力的齐头并进让人们看到了人工智能可以再现辉煌的希望。顺应着人工智能以及计算机视觉学科的兴起浪潮，计算机在图像分类与识别上取得了突破，这与人们对数据重要程度的认识加深密不可分。在当今这一轮人工智能发展的浪潮中，赫赫有名的 ImageNet 数据集可以被称为“此过程的重要催化剂”。

在计算机视觉领域，数据真正被正名可能要追溯到 2007 年前后。在那之前，主流学术圈与人工智能行业都在潜心钻研算法，对数据稍显漫不经心。而当时刚刚出任伊利诺伊大学香槟分校计算机教授的李飞飞则萌发了“如果使用的数据无法反映真实世界的状况，即便是最好的算法也无济于事”的想法。为此她产生了一个大胆的解决方案，就是创立一个在当时看来是非学术主流的大型视觉数据库，专门用于视觉目标识别软件研究。这个称为 ImageNet 的数据库被手动注释了 1 400 多万张图像，并在 100 余万张图像上提供了数据标注。

ImageNet 中包含 2 万余个生活中的典型类别，如“猫”“桌子”等，而每一个类别内部又进行了更为详尽的划分，仅“猫的类别就分为了‘波斯猫’‘虎斑猫’‘埃及猫’等各种子集，狗的种类更是高达 120 种”。

如此庞大的数据集是前所未有的，为了使 ImageNet 能够真正帮助计算机视觉领域的发展，自 2010 年起，基于 ImageNet 产生的大规模视觉识别挑战赛（ImageNet Large Scale Visual Recognition Challenge，ILSVRC）正式打响。全球的研究团队在指定的 ImageNet 数据集子集里评估自己的算法，尤其针对一些特定的任务以比赛的形式比拼算法准确率。可以说自该比赛打响至今，英雄辈出，对计算机视觉领域起到了极大的推进作用。

2011 年，比赛中分类的最优错误率为 25%，而在 2012 年，来自加拿大多伦多大学的团队，使用 AlexNet 深层卷积神经网络，使其提升近 10%，获得了达到 15.3% 的佳绩，领先第二名 10.8%。这一突破也标志着人工智能的全行业改革兴起，此后的参赛队伍也频创佳绩。但是，人类针对同样的数据库错误率只在 4.9% 左右。如果人工智能无法超越人类达到真正的智能，那单纯数字上的提升与突破也不过是锦上添花的噱头而已。何时能彻底打破这个壁垒，成为专家们彼时苦心攻克的科研目标。

2015 年，微软的研究团队成员在前一年 Google 的 GoogleNet 22 层卷积层的基础上，实现了品质与数量的双重突破，依靠团队研究的 ResNet，一举将层数提升到 152 层卷积层，并将识别的错误率提升到了 3.5%。至此，人工智能优胜者的识别水平超越人类，而 ImageNet 也证实了更庞大的数据的确可以带来更好的决策。

以多层神经网络为基础的深度学习，除在计算机视觉上取得了傲人的成绩外，也被推广到了诸多人工智能相关领域，其中最为世人所知的便是 2016 年举世瞩目的人机围棋世纪对决。在这场比赛中，人类的围棋世界冠军李世石经过 5 轮鏖战，最终以 1:4 的比分不敌 Google 的 AlphaGo 程序。曾经被誉为“人类最后的智慧堡垒”的围棋，终于被使用深度神经网络与蒙特卡洛树搜索技术的人工智能程序所攻破，而人工智能也再次走入了大众的视线。一时间，各国政府和金融机构蜂拥而至，对人工智能产业进行了前所未有的关注与投入。在经历了过去数十年的两次寒冬期后，人工智能领域的从业人员放弃了曾经的一些不切实际的荒唐想法，更加深刻地明白了“人工智能的发展路径一定是以创造价值为导向，而不是以技术先进为导向”的发展道理。人工智能产业终于强势崛起，开启了科技时代的新篇章。

参考资料

李杉，安妮 .ImageNet 这八年：李飞飞和被她改变的 AI 世界 [EB/OL].

第2章

数据标注行业的国内现状与未来展望

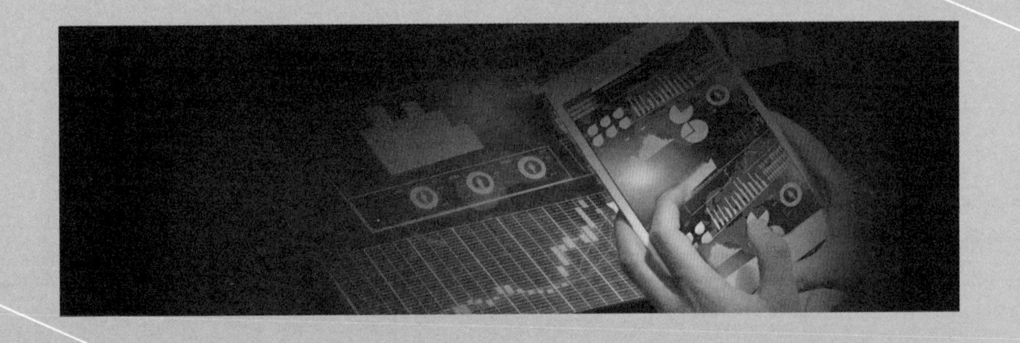

人工智能行业发展离不开数据标注行业，对于人工智能企业来说，优质的数据是不可或缺的。智研发布《2019-2025年中国数据标注与审核行业市场专项分析研究及投资前景预测报告》显示，数据标注与审核行业快速发展，2018年市场规模已达到52.55亿元，至少在未来的5年内，数据标注行业的增长空间还很大。数据需求紧随人工智能的大规模落地引来一波爆发式增长，拥有数据标注需求的主要领域集中在机器视觉、指纹识别、人脸识别、视网膜识别、虹膜识别、掌纹识别、专家系统、智能搜索、自动驾驶等。在大数据时代下，各行业都面临着新的机遇与挑战，与人工智能密切相关的数据标注行业更是如此。关于数据标注行业还有更多的未知等待我们去探索。

2.1 国内数据标注行业的现状

监督学习下的深度学习算法训练十分依赖人工标注数据。2012 ~ 2016年，人工智能行业不断优化算法增加深度神经网络层级，利用大量的数据集训练提高算法精准性，保持算法优越性，市场中产生了大量的标注数据需求，这也催生了AI基础数据服务行业的诞生。2019年，中国AI基础数据服务行业市场规模达到30亿元左右，其中图像类需求占到了数据标注行业的半壁江山。

数据标注行业发展史如图2-1所示。在初生期，由于数据标注的需求量不是太多，专门研究人工智能算法的工程师独立完成小规模数据标注。虽然这个数据处理的过程如果亲力亲为的话会耗时耗力，但是很多算法工程师在数据标注的真正实践中更好地对自己设计的算法有了更深刻的心得体会，时至今日仍会与人津津乐道。但在人工智能第三次浪潮之下，小规模的数据标注已经不能满足人工智能的发展需求，所以从2011年开始出现了专门从事数据标注工作的团队，进而慢慢形成了数据标注行业。

从2017年开始，人工智能的应用开始呈爆炸式增长，大规模的数据标注需求涌入，让数据标注行业迎来真正的爆发，正式进入人们的视野。由于人类的认知远远领先于机器智慧，因此目前的AI还无法胜任数据标注员的工作。机器学习依赖人类“喂食”，而填饱机器的“美味食材”则需要标注员们进行原料加工。

现阶段人工智能企业和互联网企业对数据标注的需求最大，学术团体次之，政府、银行等传统机构的需求最小但有不断增长的趋势，数据需求比例大概为7:2:1。

国内目前数据标注需求爆发式增长，整个标注市场大大小小共有上千家企业和作坊，规模不一，市场竞争激烈，入门门槛低，利润薄弱，所以会出现数据黄牛倒卖数据标注资格，从中牟取利益，市场混乱的不良现象，亟待规范和整治。同时，数据标注本质上是一个劳动密集型行业，国内主要集中在劳动力丰富且环绕中心一线城市的市县，行业准入门槛较低，所以大多数从业人员学历普遍较低。由于行业内部没有统一规格标注，所以标记质量也参差不齐，很多标注企业无法保证数据标注的质量和进度，不符合精度和质量要求越来越高的发展趋势。

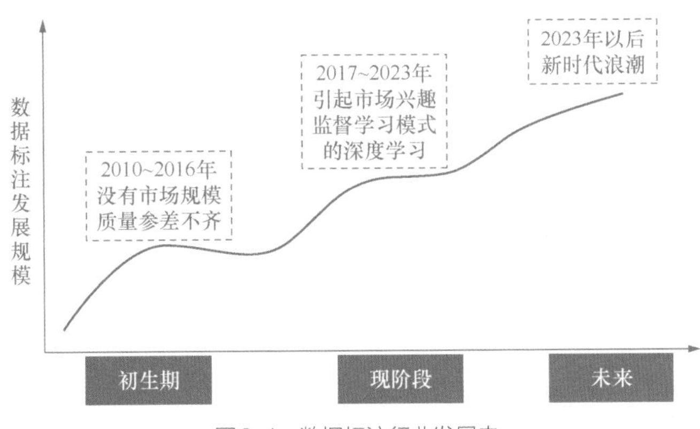

图2-1　数据标注行业发展史

数据标注市场当前良莠不齐，伴随着上一轮 AI 行业洗牌，脱颖而出的品牌数据服务商和中小型数据供应商形成了主要的供应方力量，但随着需求方市场由粗犷向精细化过渡，项目要求提高、利润压缩、管理成本上升等问题迫使众多中小型厂商提前离场，定制化需求成为主流，数据服务市场步入需求常态化。新基建浪潮下，作为 AI“原油”的数据产业蓬勃生长，也催生出对“数据标注工程师”这一新职业的大量需求，促进就业。

2.2　数据标注工程师简介

数据标注这个职业随着 AI 产业、产品的大量入市，已经正式迈入高速发展的时期。数据标注工程师便是随着人工智能的发展出现的一个新兴就业岗位，数据标注工程师的工作是教会 AI 认识数据，有了足够多、足够好的数据，AI 才能学会像人一样去感知、思考和决策，更好地为人类服务。

举一个简单的例子。如果我们告诉一位小朋友，在他面前出现的是一只老虎：这是一种长得像猫一样的动物，有着庞大的身躯与强健的体魄，后背上长着橘黄色的毛皮和黑色的条纹，额头上还有一个类似“王”字的图案等显著特征，那么小朋友一定会对老虎的外貌形成初步印象。然而，现在的智能计算机无法做到像人类一样快速掌握信息，更无法及时关联老虎相关的其他信息。

为了让计算机可以获得像人类一样的认知能力，我们需要向计算机提供大量的、各式各样的老虎图片供它学习，如图 2-2 和图 2-3 所示。在给计算机提供图片的过程中，我们要确保提供的图片是真正的老虎图片，还要把能够识别老虎显著特征的信息为计算机面面俱到地列出。通过计算机反复的训练与学习，结合人类不断的检查与修正，使计算机形成巩固记忆。在这个过程中，计算机的启蒙教材便是数据标注工程师为它们提供的每一组正确图片。

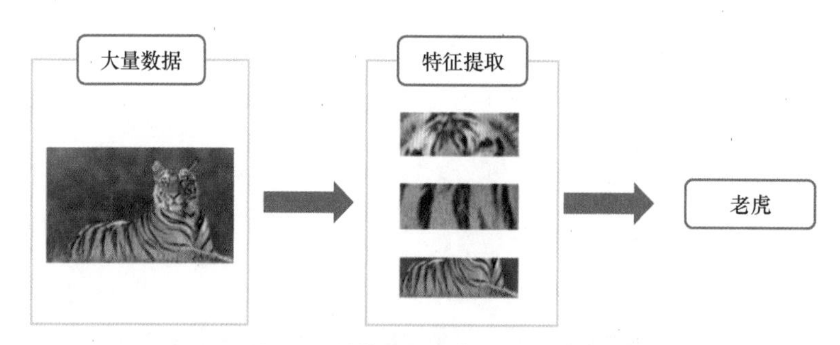

图2-2 计算机学习（以老虎为例）

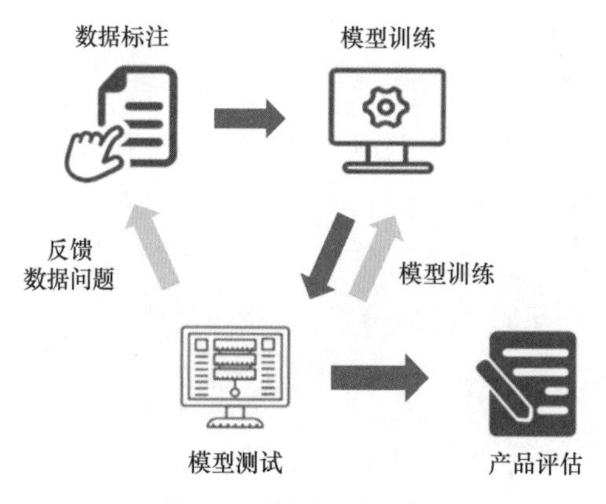

图2-3 计算机学习过程

在计算机视觉领域，数据标注工程师的工作主要集中在图像和视频领域，包括但不限于分类、拉框、标点、属性注释等。作为一名优秀的数据标注工程师，不仅要保证精确无误地完成数据标注，还应具有如下工作素养。

1. 高效的学习能力

目前产业结构单一也是中国人工智能行业存在的固有问题，研发型企业远少于应用型企业的隐患已经浮现，政府开始重视 AI 基础层创业企业的培养，资本方也更加关注 AI 芯片、机器学习算法、数据处理等产业链上游企业的发展，科技巨头企业更是提前进行 AI 生态布局，建立了产业联盟。行业横向扩张的实现需要不断注入新的技术支持，为此数据标注工程师需要具有强大高效的学习能力，以适应技术的更迭交替。

2. 水滴石穿的精神

根据目前人工智能、数据标注行业的发展水平，一个新研发的计算机视觉算法需要上万张到数十万张不等的有效标注图片训练，定期优化算法也有上千张图片的需求。而一个用于智慧城市的算法应用，每年更有数十万张图片的稳定需求。因此市场存在海量数据资源等待数据标注工程师对其进行有效处理。面对同一项目中大量的重复性工作，数据标注工程师需要具有足够的耐心及意志力，高效处理每一帧视频和图片。

3. 严谨细致的作风

数据标注工程师在熟悉并掌握数据标注技能后，可承载高强度、高复杂性的标注项目，在多次标注实操与校验中，积累丰富的行业经验及技术沉淀。计算机视觉对图片和视频标注的精准度要求极为严苛，以视频点位标注为例，标注工程师需要逐帧处理待标注数据，以像素点为最小单位，依次进行点位标注。根据不同项目要求，超出一定的像素偏差则为不合格数据，阻碍后续算法的顺利实施。像素级别的精确度需要标注工程师具有足够严谨、细致的操作，确保每一个最小单位的标注成果都为有效数据。

满足基本素养的数据标注工程师在丰富经验的加持下可以拓展许多更为高级的职业发展路径，部分企业对标注工程师的定义和规划逐渐转到了运营和产品职能的分支上，这是十分良性的一种发展，使得标注工程师对业务的接触面和选择性更加宽阔。例如，管理岗位通常需要相关管理者对 AI 业务数据标注的完整生命周期负责，建立并完善标注的流程，推动业务的规范化和规模化发展。同时还会被要求参与到数据标注业务相关的运营与决策中，为更高级管理者提供强有力的支持。技术岗位常见的有测试员以及数据产品经理等。与管理岗对管理能力的要求不同，技术岗要求从业者具备一定计算机及相关算法背景，并对软件或产品设计有相应理解。2020 年 2 月，国家正式将“人工智能训练师”纳入职业分类目录，隶属于软件和信息技术服务人员类，主要工作任务包括标注和加工原始数据、分析提炼专业领域特征，训练和评测人工智能产品相关的算法、功能和性能，设计交互流程和应用解决方案，监控分析管理产品应用数据、调整优化参数配置等。人工智能训练师的引入再次拓宽了技术岗位的就业机会。当然，无论是技术岗还是管理岗，都要对数据标注有着深刻的理解，具有丰富的从业经验才可胜任工作。

新基建之新，就在于其是提供数字转型、智能升级、融合创新等服务的基础设施体系，涵盖物联网、5G、人工智能等方方面面。而这些技术都离不开数据标注。人工智能的三要素中，数据作为基础，比算力和算法还要重要。数据标注可以说是人工智能的动力和灵魂。

2.3 数据标注行业的发展前景

数据标注市场当前规模已经达到 300 亿元，未来还将随着 AI 行业的发展而不断壮大。现在中国有大小数据标注企业过千家，但还没有任何一家企业占据市场垄断地位，未来在数据标注市场的厮杀将异常激烈，伴随着竞争数据标注的机制和商业模式也将日益成熟。

随着人工智能产品落地多元行业和场景，作为人工智能算法的“养料”，数据也向着场景化发展。大部分算法在拥有足够多常规标注数据的情况下，能够将识别准确率提升到 95%，而商业化落地的需求现在显然不止于此，精细化、场景化、高质量的数据成为关键点，从 95% 再提升到 99% 甚至 99.9%，需要大量高质量的标注数据，它们成为制约模型和算法突破瓶颈的关键指标。时至今日，人工智能从业企业的算法模型经过多年的打磨，基本达到阶段性成熟，随着 AI 行业商业化发展，更具有前瞻性的数据集产品和高定制化数据服务需求成为了主流。

数据标注行业的发展趋势主要可以从以下两个方面进行分析。

1. 深度学习受到半监督和无监督学习的冲击，标注质量将成为核心竞争优势

随着半监督学习和无监督学习的发展，对标注数据的需求量将下降，甚至不需要标注数据，该趋势取决于上述两种学习方法的发展速度。企业的核心业务也将从标注数据转为数据提供端和算法研发端的资源对接；在算法模型不断优化、应用场景要求不断提升的趋势下，机器所需求的数据质量和精度将逐步增高，能提供高质量标注数据的企业才是未来市场真正的核心优势。企业自身的研发能力也决定了企业最后的转型和存亡。

2. 细分领域专业化需求程度更高

目前能被建模量化的数据只占真实世界中的极少一部分。现有的数据标注业务主要集中在安防和自动驾驶领域，未来，随着应用的不断落地和普及，AI 深入更多垂直行业，数据标注行业也将涉及更多专业领域，例如医疗、教育等，新需求不断出现。数据标注工程师无法通过单纯的人员培训来填补专业领域的知识积累，因此专业化程度较高的企业将有更多的生存机会。

2020 年，国家层面提出“加快新型基础设施建设进度”。人工智能作为“新基建”七大领域之一，将为经济增长提供新动力。而数据是人工智能产业的基础设施，将为“智慧应用、万物连接”落地打下坚实基础，也会在未来新基建的建设中扮演重要的角色，并发挥大的作用。

尽管目前人工智能行业仍以有监督学习的模型训练方式为主，对于标注数据有着强依赖性需求，但随着 AI 商业化进程的演进，更具有前瞻性的数据集产品和高定制化服务成为了 AI 基础数据服务行业的主要服务形式。人工智能行业发展前景良好，而作为强关联性的 AI 基础数据服务行业受其发展红利的影响，未来市场仍有不小的上升空间。与此同时，随着 5G 及物联网的普及和发展，未来人类产生的数据将以无法想象的速度增长，数据量的增加将极大促进数据标注人员就业机会，专业化数据标注行业发展前景可期！

参考资料

[1] 艾瑞《2020 年中国 AI 基础数据服务行业发展报告》。
[2] 中国科学院 2019 全球人工智能发展白皮书。

第3章

人工智能治理

本轮人工智能爆发，在智慧城市、智能设备、智能工厂、金融科技、企业服务等诸多领域注入了强劲的发展动力，同时也给人类与技术的依存关系提出了前所未有的挑战。深度学习技术的成功，建立在网络时代产生的海量数据与计算硬件的大力发展之上，同时这种技术的理论基础还远未完善，导致当前的人工智能系统在进入人类社会与真实的人发生交互时，可能引发个人信息保护、算法偏见、算法黑箱、权责归属等一系列的社会伦理和治理问题。

3.1 人工智能的可持续发展

为了应对人工智能技术应用引发的新挑战，世界各国近年来积极推动人工智能治理研究与政策发展，探索人工智能的可持续发展道路。近年来，人工智能发展史上的重大事件如图 3-1 所示。早在 2015 年，欧盟议会法律事务委员会就已开始对机器人和人工智能发展的法律问题展开研究；2016 年 5 月，该委员会发布《就机器人民事法律规则向欧盟委员会提出立法建议的报告草案》，并于同年 10 月发布研究成果《欧盟机器人民事法律规则》。

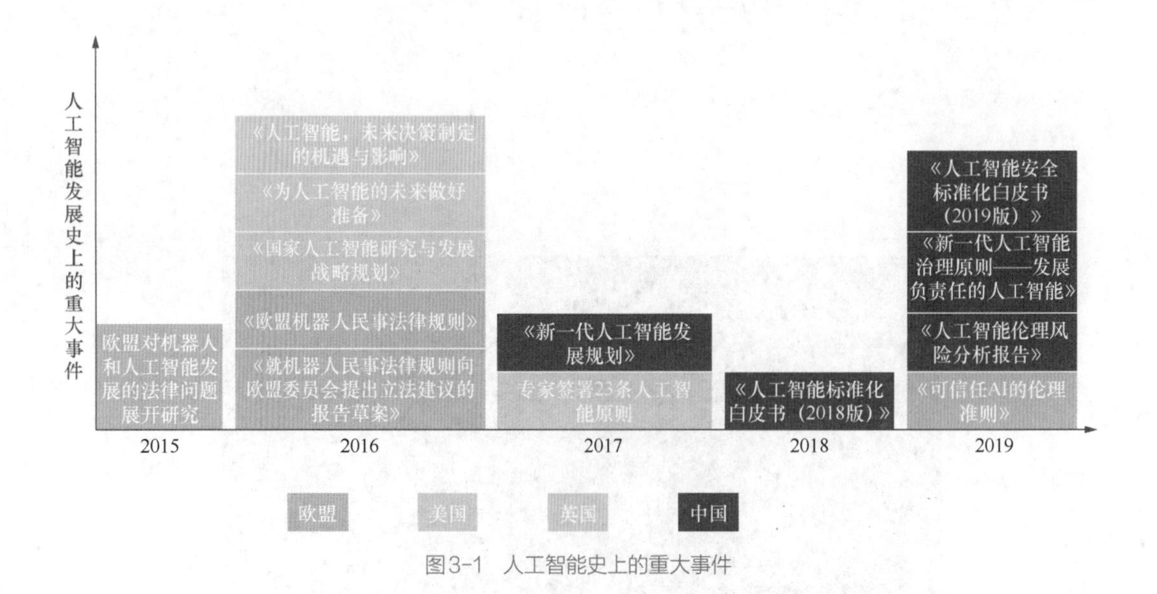

图3-1　人工智能史上的重大事件

2016 年，美国同时颁布《国家人工智能研究与发展战略规划》和《为人工智能的未来做好准备》两个人工智能治理国家级政策框架；英国发布《人工智能：未来决策制定的机遇与影响》，并对公权力机构对人脸识别等人工智能技术的使用进行专项调查。2017 年，美国未来生命研究所（Future of Life Institute，FLI）主持达成 23 条人工智能原则，近 4 000 名各界专家签署支持这些原则，在业界引起了较大反响。2019年，欧盟发布《可信任AI的伦理准则》，主要关注人工智能对基本人权的影响，推进人工智能伦理立法。

我国于2017年发布《新一代人工智能发展规划》，明确提出要将AI相关的法律法规与伦理规范问题作为重点研究对象，以促进产业与社会的健康融合发展。2018年1月，国家人工智能标准化总体组发布《人工智能标准化白皮书（2018版）》，论述了人工智能的安全、伦理和隐私问题；2019年4月，发布《人工智能伦理风险分析报告》，从数据、算法、应用、长期和间接4个主要维度分析了人工智能产业已经和可能面对的伦理挑战。2019年6月，国家新一代人工智能治理专业委员会发布《新一代人工智能治理原则——发展负责任的人工智能》，提出人工智能治理的框架和行动指南。2019年10月，全国信息安全标准化技术委员会发布《人工智能安全标准化白皮书（2019版）》，从人工智能安全法规政策和标准化现状方面对全球进行了调研。

3.2 数据是AI治理的第一道防火墙

当前，人工智能商业化在算力、算法和技术方面达到阶段性成熟，需要聚焦行业痛点、推进技术落地。人工智能治理的基本原则也已经逐渐明晰，需要基于具体的场景探索治理原则落地的难点和路径。在此背景下，人工智能的发展和治理有必要聚焦人工智能产业链中的具体环节，特别是发展空间大、治理问题突出的环节。

我们重点讨论的数据基础服务产业便是一个典型的高聚焦环节。其中数据标注产业目前缺乏行业流程规范和伦理准则，难以有效规避潜在的法律和伦理方面的风险。尤其是数据来源合法合规性的审核、数据保护、隐私保护等问题突出，多次引发舆论关注。此外，由于目前人工智能基础数据采集和标注行业具有劳动力密集的特点，多采用项目转包等服务形式，这进一步加大了行业规范和治理的难度。

虽然行业的爆发式发展反映了市场对AI技术的迫切需求，但有序且自律的行业才能持续不断地进行良性升级。作为AI可持续发展的第一道防火墙，数据服务产业的行业自律、标准共识就显得尤为重要。

3.3 数据服务产业是AI治理落地的试验田

产业的健康发展离不开政府、社会与业界的多方努力。在AI系统快速迭代、能力不断提升的今天，如何构建可落地的治理模式是迫切需要解决的痛点。从数据入手无疑是有效的手段。

2020 年，随着我国《信息安全技术个人信息安全规范》(2020 年版)、《中华人民共和国民法典》的陆续出台和通过，对个人信息和数据的保护有了共识的基础。然而，规范与立法手段更多的是在原则层面起到宣示性的作用，面对多样性与变化性快速更迭的 AI 行业，难以真正起到有效的治理效果。为此，数据服务产业链条中企业的自律和行业的规范就起到了非常重要的作用。虽然现在数据采集和标注行业仍没有形成成熟的治理体系和标准，但是国内外在人工智能治理上的实践可以提供借鉴。

2019 年 4 月，欧盟发布《可信任人工智能伦理指南》。该指南将“以人为本”(human-centric) 作为发展人工智能技术的核心要义，受到了广泛的接受与认可，如图 3-2 所示。该指南针对可信任的人工智能提出了 3 个基本条件，包括法律、伦理的和技术鲁棒性 3 个维度。该指南基于欧洲的核心价值观，提出了 4 项伦理准则，即尊重人的自主性、预防伤害、公平性和可解释性。为促进这 4 条伦理准则落地，该指南进一步提出了发展可信任人工智能应满足的 7 个关键要素，即人的能动性和监督，技术鲁棒性和安全性，隐私和数据管理，透明性，多样性、非歧视性和公平性，社会和环境福祉，问责机制。

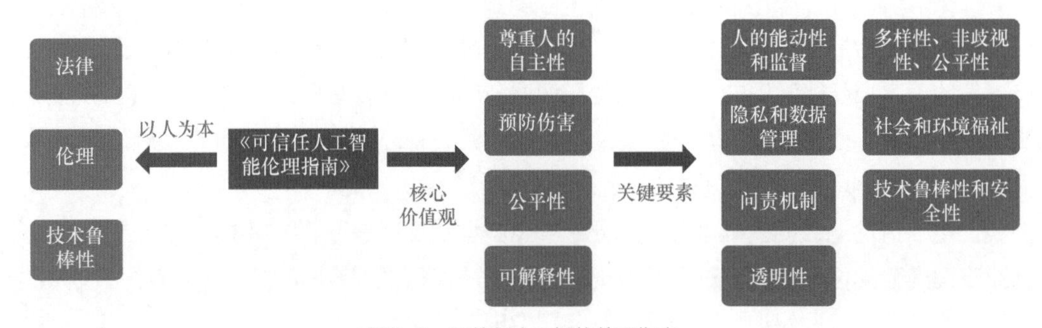

图3-2 可信任人工智能伦理指南

该指南作为人工智能治理的纲领性文件，对于人工智能产业的健康可持续发展具有重要意义。然而，指南仍停留在原则性层面，需要与具体的技术应用场景结合，才能真正落地并促进人工智能行业的可持续发展。结合该指南中的伦理准则和数据服务产业的痛点问题，数据服务产业的伦理问题主要集中在数据来源的合法合规问题、技术的安全性、问责机制 3 个方面。

3.3.1 数据来源的合法合规问题

在我国，仅 2017 年在黑市上被泄露的个人信息就高达 65 亿条次，由数据泄露而衍生出的黑灰色产业链年获利已超百亿元。2019 年 9 月，在网络商城中有商家公开售卖人脸数据，数量达 17 万条。这些人脸数据涵盖 2 000 人的肖像，每个人有 50 ~ 100 张照片，而这些当事人大多对自己的人脸信息被采集一无所知。信息业从业者如果从黑市或非正规渠道购买数据，很可能面临严重的合法合规问题。根据《个人信息保护法（专家建议稿）》，信息业者处理个人信息应当具有特定目的，并符合下列 6 条原则中的至少一条。

（1）经信息主体同意。

（2）为订立或履行与信息主体之间的合同所必要。

（3）为保护信息主体或他人重大人身、财产利益确有必要，但依其情形难以获得信息主体同意。

（4）所涉及的个人信息是信息主体自行公开或其他已经合法公开的个人信息，且个人信息处理未超出前述公开目的的合理范围。

（5）为履行法律、行政法规规定的义务所必要。

（6）为执行政务部门依法作出的命令所必要。

在实际操作中，数据需求方向供应商购买数据时，难以对数据来源的合法性和合规性进行审查。尽管企业难以拥有全面的核查能力，但仍应充分发挥自律，拒绝使用非正规渠道购买数据，并要求数据供应商提供数据来源合法性的证明材料，敦促供应商遵守个人信息保护的相关法律法规和伦理准则。

3.3.2　技术的安全性

在数据标注过程中，需要经过数据清洗、数据脱敏、数据筛选、数据标注、质量检测、数据交付等多个复杂流程，对于技术的安全性有很高的要求。其中，敏感数据的脱敏和去标识化处理、系统抵抗黑客攻击的能力、越权访问带来数据泄露问题、数据标注质量控制等问题尤为突出。

2020 年 2 月，美国面部识别应用服务公司 Clearview AI 所有的客户列表、账户数量以及客户进行的相关搜索数据遭遇未经授权的入侵引发了强烈关注。该公司面部识别应用客户包括美国移民局、司法部、FBI、梅西百货、沃尔玛、NBA 等 2 228 多家机构和企业。这一事件集中体现了数据服务行业技术安全性的多个问题。首先，人脸信息作为生物识别信息，属于典型的个人敏感信息。根据我国《信息安全技术个人信息安全规范》（2020 版），个人敏感信息一旦泄露、非法提供或滥用可能危害人身和财产安全，应坚决杜绝非法获取这类信息。其次，此次数据泄露系未经授权的外部入侵，暴露了该公司数据处理和存储系统的薄弱环节。

为了规避上述风险，数据标注行业从业者应着力加强技术的安全性。对于个人敏感信息应该进行脱敏和去标识化处理，确保相关数据无法与可识别的自然人匹配。此外，从业者也应该提高系统抵抗黑客攻击的能力，严格控制员工接触和复制数据的权限，将数据泄露的风险降到最低。除数据泄露风险外，从业者还应该加强数据标注的质量控制，确保系统在人的监督下工作，并对数据标注质量进行严格把控。

3.3.3 问责机制

数据采集和标注行业治理原则的落实离不开问责机制。要解决上述的数据来源合法性、敏感数据的脱敏和去标识化处理等问题，需要将相关机制落实到数据收集和标注流程的每一个环节，将相关责任划分给具体的责任人。有了清晰的问责机制，一旦出现问题，就可以精准定位到个人，及时处理问题，防止问题再次发生。

明晰的权责划分对于落实数据服务行业的治理至关重要。2018 年，剑桥分析公司被指控未经授权获取美国社交媒体 Facebook 上多达 5 000 万用户的信息，Facebook 也因为没有防范一些人对数据的蓄意“滥用”而陷入丑闻风波。在此事件中，剑桥分析公司被指控非法获取用户信息，而 Facebook 作为数据存储平台没有及时阻止相关行为，收到 50 亿美元的天价罚单。这一事件对于数据采集和标注行业也有借鉴意义。由于数据采集和标注行业的链条较长，且大量存在分包现象，涉及的利益相关方较多，因此，对于链条上的每一家企业来说，都应该明确自己同上下游企业之间的权利和义务关系，并加强企业内部的治理机制设计，从制度上规避上述伦理和法律风险，并在问题出现后及时定位相关责任人，不断完善问责机制。

3.4 旷视，AI发展与治理双轮驱动

除政府和研究机构在人工智能治理上的努力外，企业作为这项技术的主要应用方，兼具技术积累和场景理解上的多重优势，在推进行业健康发展问题上有着义不容辞的责任。旷视自创立以来就秉持着“用人工智能造福大众”的使命，以构建“可持续发展的 AI”为准则，确保人工智能始终朝着与人类和生态有益的方向发展。

2019 年初，在国家科技部的推动下，“国家新一代人工智能治理专业委员会”成立。旷视作为委员之一，全程参与并联合发布《新一代人工智能治理原则》，致力于发展负责任的人工智能，推进我国人工智能健康发展。

2019 年 7 月，旷视发布《人工智能应用准则》，从正当性、人的监督、技术可靠性和安全性、公平和多样性、责任可追溯、数据隐私保护等 6 个维度，为旷视的人工智能发展与治理指

明行动方向。为了将该准则的内容落到实处，旷视成立了公司人工智能治理事项最高的决策机构——“旷视人工智能道德委员会”。该委员会向董事会汇报，成员包括内部与外部专家、学者。同时，公司内部还成立了“旷视人工智能道德管理委员会”，坚定不移地推进务实的落地机制，从制度与机制的设立、科研、产品、客户管理等多方入手，初步建立并打开了公司人工智能治理的局面。

旷视坚信人工智能治理需要理性的关注、深度的研究、建设性的讨论，以及坚持不懈的行动。2020 年初，旷视成立“旷视 AI 治理研究院”并发布《全球 AI 治理十大事件》，梳理了 2019 年海内外共同关心的 10 件 AI 治理典型事件，引起社会热烈反响。根据社会的反馈与学界、产业界的治理痛点，旷视 AI 治理研究院逐步确定了未来两大类课题研究方向，即基于 AI 应用实际场景的可信任 AI 治理探索，由技术发展所衍生的数据隐私安全与保护。

人工智能是能够改变社会的颠覆性技术，也是能够推动社会进步的使能技术。人工智能产业不能遵循“先发展，后治理”的老路，必须“边发展，边治理”，社会承担不起滥用人工智能技术造成的损失。人工智能治理研究、建议、监管，需要人工智能企业的落地参与，才能得到有效推进。如何在行业快速发展的同时建立可靠的治理模式，是包括旷视在内的整个 AI 行业在当前亟待合作研究的重点议题。数据是 AI 治理的第一道防火墙，数据服务产业是 AI 治理落地的试验田。基于旷视沉淀的数据标注知识体系与公司探索 AI 治理的经验，希望为促进数据标注行业标准化、可持续发展尽绵薄之力。

AI 向善，行胜于言！

参考资料

[1] 旷视 . 旷视《人工智能应用准则》全文公布提倡善用 AI 技术 [EB/OL].[2019-07-17].

[2] 旷视 . 旷视成立 AI 治理研究院回溯全球十大 AI 治理事件 [EB/OL].[2020-01-08].

第4章

数据标注服务产品及旷视Data++数据标注平台

4.1　数据标注服务产品

当前的人工智能数据服务产品形式主要为数据集产品、数据资源定制服务和其他数据资源应用服务 3 种，如图 4-1 所示。其中，数据集产品在图像分类、自然语言处理及语音处理领域有着广泛的应用。

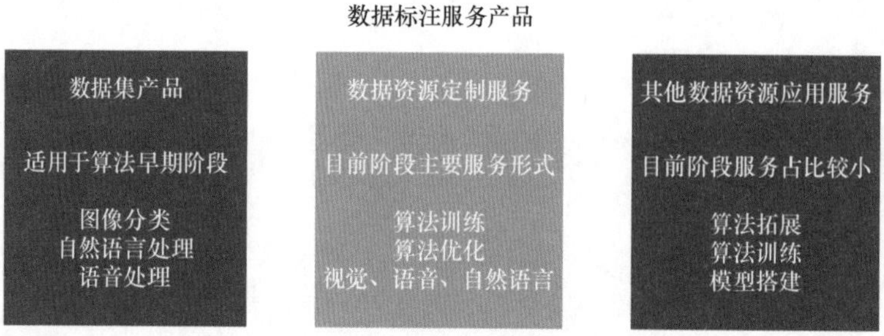

数据标注服务产品

数据集产品	数据资源定制服务	其他数据资源应用服务
适用于算法早期阶段	目前阶段主要服务形式	目前阶段服务占比较小
图像分类 自然语言处理 语音处理	算法训练 算法优化 视觉、语音、自然语言	算法拓展 算法训练 模型搭建

图4-1　数据标注服务形式

数据集主要适用于算法早期研究阶段的客户。相对于算法，优秀的数据集往往能给模型效果带来更大的提升，因此最有价值的数据集最终将会变成行业标杆，被研究人员广泛应用。目前市面上流行的图像类数据集包括经典的小型灰度手写数字数据集 MNIST、前文提到过的 ImageNet 以及常用于图像检测定位的数据集 COCO 等。2019 年 4 月，旷视与北京智源人工智能研究院共同发布全球大型的精标物体检测数据集——Objects365。无论是从数据规模抑或是从数据质量上来说，Objects365 都为计算机视觉技术树立了新的里程碑。

在 3 种服务模式中，数据资源定制服务是目前数据服务行业的主要服务形式，其中涵盖了数据采集和数据标注服务。与数据集服务用于早期研究阶段的客户不同，这种数据资源定制服务的形式适合算法训练、优化等需求。也正因为具备这样的特性，此类服务可以在目前人工智能落地的商业化时代有更广泛的使用。以 2018 年为例，中国人工智能基础数据服务市场规模为 25.86 亿元，其中数据集产品占比为 12.9%，而数据资源定制服务占比高达 86.2%。在数据资源定制服务中，又以视觉、语音以及自然语言识别领域的标注服务为主。可以说，在人工智能基础服务领域，“得数据标注服务者得天下”。

人工智能基础数据服务在国内属于典型的面向企业或特定用户群体的业务，商业模式稳定，在初期阶段很多企业虽然有自己内部运营的标注团队，但像知名 AI 互联网大型企业，如果一批次对数据集的需求量动辄成百上千万，内部专门培养标注部门成本过大，所以把数据集外包给标注工厂是此前很多企业获取训练集的主流方式之一。

在国内的数据标注行业实行的分工流程是，上游的科技巨头把任务交给中游的数据标注平台，再由中游众包给下游的小公司，这些小公司再交由自己的专业标注团队或者众包给兼职人员进行标注。截至 2018 年年初，国内全职数据标注者达 10 万人，兼职数据标注者接近 100 万人。

近几年，出于对数据安全性和成本的考虑，许多互联网内部头部公司，如京东、百度、阿里、腾讯等，作为原本的需求方开始深层次的基础服务行业布局。同时，人工智能行业的龙头企业，如旷视、商汤等，也组建了自己的标采团队，并向大量复杂任务解决方案方向发展。从目前的趋势来看，未来的基础数据服务行业将由行业头部阵营品牌和领头供应方主导。目前成熟的数据服务企业在生产模式中，除会根据自身条件组建适合的标注基地或标注团队外，也会提供完整的采购供应商外包服务。同时，为了保障项目的进度与数据的安全，各大需求方和数据服务方还会自主研发标注平台供执行方进行数据标注工作。

当前，在数据标注平台的搭建上，绝大多数企业采用的是众包与外包的模式。其中众包模式是一种大型网络模式，由于标注工作可以分配给很多参与者，而非一群被特别定义的群体，因此在价格、速度、质量、灵活性和多样性上都有着得天独厚的优势。在标注平台的人员成长体系环节和任务分配环节设计上，很多企业也结合了如今流行的游戏化思维，别出心裁地将工作任务与升级奖励有效地结合在一起，使数据标注工程师在游刃有余地进行自己擅长的标注任务时，可以得到游戏化升级与绩效的双重激励。这种模式可以很好地迎合年轻化数据标注工程师的喜好，并进一步带来工作的高效。

除数据集产品形式和数据资源定制服务形式以外，其他数据资源应用服务形式占比较小。这种服务形式更倾向于 AI 中台概念中的部分能力，为被服务方进行算法服务方向的拓展、提供算法训练或者模型搭建等服务。

现有的主流深度学习框架大多来源于国外知名互联网企业，而我国的开发者对外国框架的依赖程度也比较高。为了实现技术的独立自主，很多国内企业陆续推出并开源自研的深度学习框架，促进国内开源生态建设。例如旷视在 2020 年 3 月 25 日宣布开源 AI 生产力平台 Brain++ 的最核心组件——深度学习框架天元（MegEngine），供国内算法工程师进行算法层面的探索，并解决未来无限性的场景。旷视 Brain++ 的开源发布会如图 4-2 所示。

随着更多的企业加入开源开放生态建设，国产深度学习框架呈现百花齐放的态势，虽然目前国内还没有一款国内通用的主流学习框架，但是相信在不久的将来国产自研深度学习框架一定会像中国人工智能发展一样引领世界潮流！

图4-2 旷视Brain++的开源发布会

4.2 数据服务标注平台流程

目前行业内部主流的数据标注服务对接模式主要分为平台模式与定制模式两种，其中平台模式可满足绝大部分标注工具使用需求，定制模式则通常针对需求方的特殊需求进行个性化工具定制。两种模式在执行流程上是相同的。

通常来讲，旷视 Data++ 数据标注平台中的执行流程如图 4-3 所示。

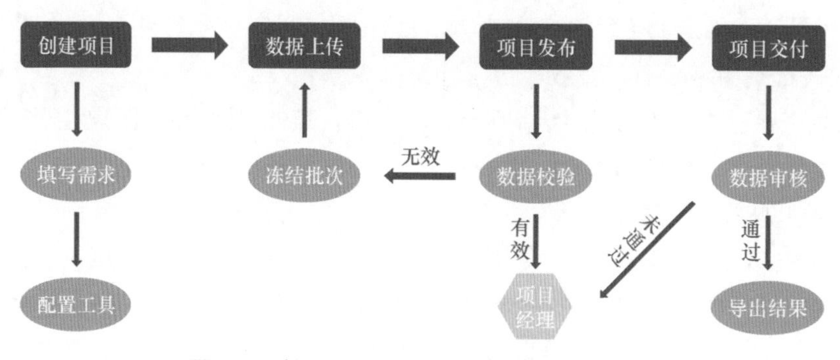

图4-3 旷视Data++数据标注平台中的执行流程

数据标注执行流程分为创建项目、数据上传、项目发布及项目交付 4 个主要步骤。

4.2.1 创建项目

在创建项目阶段，旷视 Data++ 数据标注平台分为填写需求与配置工具两个环节。

1. 填写需求

首先，需求方应在标注平台完成基础注册，补全个人或企业信息，申请成为发布者，以方便后续操作、查询以及渠道维护。其次，需求方根据项目需要在标注平台创建采集、标注、采标一体等项目需求，按照平台要求填写细节描述。

在填写需求的过程中，需要同时配有完整的标注需求文档。一份详尽的需求文档应包含项目背景、标注步骤、标注标准以及验收标准等，同时对标注对象、标注规则、注意事项等有着明确的文字与图片说明，以确保项目的成功创建。在项目进行的过程中，还需要根据具体情形对需求文档进行及时更新与修订，以保证项目的准确执行与交付。完善的需求文档可以为后续项目执行提供参考。

2. 配置工具

项目创建完成后，需求方应选择数据标注类型、指定配置标注工具、明确标注内容。目前常见的标注工具类型可分为点类、框类、筛选类及视频类等。

4.2.2　数据上传

对于数据标注和采标一体需求，在项目创建完成后，需求方需要着手准备待标注的数据，并上传到平台。上传成功后，需求方需要在平台上对数据进行预览及配置，管理指定需求下的数据批次，配置其属性并确认该数据。

4.2.3　项目发布

在项目发布阶段，旷视 Data++ 数据标注平台分为数据校验与项目分配两个环节。

1. 数据校验

数据上传成功且确认数据及属性配置无误后，平台方项目经理关闭数据导入阀门，项目的任务数据将不再接受变更。标注平台校验数据的完整性及有效性，当出现无效项目数据时，平台支持冻结或删除该数据批次。

2. 项目分配

数据校验通过后，标注平台将在一天内配置项目经理进行需求评估、制订合作计划、分配本项目的标注质检需求，直至项目数据成功交付。需求方可在标注平台查看项目详情及进度，进行项目结果预览。

4.2.4 项目交付

在项目发布阶段，旷视 Data++ 数据标注平台分为导出结果与数据审核两个环节。

1. 导出结果

部分批次完成验收后，需求方即可下载该批次数据以供使用，无须等全部批次完成。

2. 数据审核

完成项目标注及验收后，标注方将项目数据交付需求方，并发送正式交付邮件。需求方应在 3 日内登录平台，检查项目中的数据验收包，并对项目交付数据进行审核。若质量不符合要求，可反馈给相应项目经理。确认交付质量不达标后，平台方将返工，直至质量符合交付标准。

上述模式是行业内普遍执行的数据服务平台模式标注流程。可见，为了满足最优成本、准确率和灵活性的数据标注项目需求，一款设计规范化、透明化，操作简洁、数据及时可视的优秀平台产品起到了举足轻重的作用。因此在本书中我们会以充分满足以上要求的旷视 Data++ 数据标注平台作为操作平台进行工具的展示。当然，在旷视 Data++ 数据标注平台上可以执行的工具远远多于本书中介绍的 12 个标注工具。在所介绍工具的选取上，我们本着高频、易判分、典型的原则为大家精心挑选了最符合要求的工具供大家了解学习。

4.3 旷视 Data++ 数据标注平台

旷视 Data++ 团队成立于 2015 年，2016 年团队便可以规模化地支撑旷视所需业务需求。此后的两年 Data++ 快速扩充并形成了强劲的战斗力，于 2017 年助力旷视拿下了 COCO 大赛的冠军，而旷视也成为首个夺冠的中国企业。如今，Data++ 已经可以很好地对外服务并对整个数据服务行业进行行业赋能。2020 年，Data++ 向着打造企业 AI 数据中台的目标进行高速发展，并确立了自身在数据基础服务行业不可撼动的地位。

旷视 Data++ 数据标注平台于 2016 年上线，在此之前旷视算法研究人员为匹配算法训练中所需的数据资源，利用公开数据集或者自行标注小批量数据。这样的缺点一方面是数据量小，算法收益不显著；另一方面由于数据格式不够统一规范，给后续算法训练造成严重阻碍。痛定思变，旷视决定投入资源，自主研发标注平台，将标注工作规模化。在此过程中，标注数据生产过程线上化、标准化，极大地改善了算法训练的数据环境。虽然平台创建的初衷只是为了服务旷视研究院内部的算法研究需求，但是随着对数据标注业务的认识逐渐清晰，平台所承载的需求也日益丰富。那么，在旷视 Data++ 数据标注平台上是如何执行数据标注任务的呢？

下面分为用户注册和标注操作流程两部分进行介绍。

4.3.1 用户注册

（1）用户利用谷歌浏览器进入平台首页，由于各浏览器的兼容性不同，建议使用谷歌浏览器登录，以保证标注数据的完整性。将鼠标光标移动到右上角的“产品”选项，无须单击即会出现下拉列表，单击“标注平台”选项进入标注平台页面，如图 4-4 所示。

首页
产品
联系我们
需求平台
标注平台
专业的AI数据标注服务
定制化数据解决方案
发需求
做标注

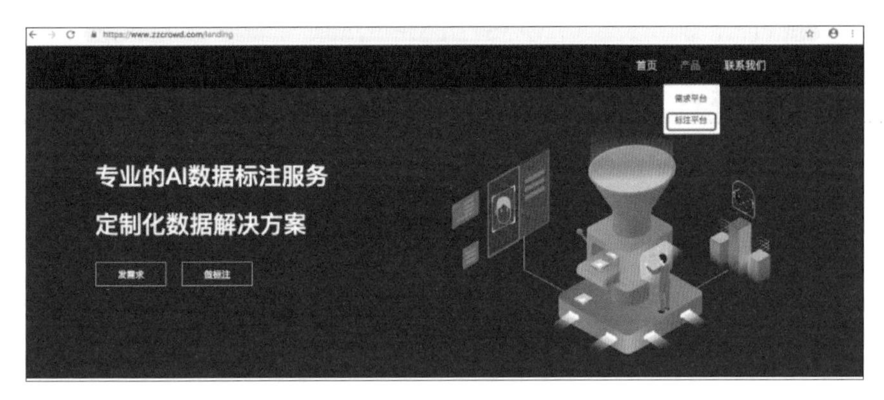

图4-4　旷视Data++数据标注平台首页

（2）单击新界面右上角的“注册”选项，如实填写所需信息。单击“提交注册申请”选项，系统会自动给所填邮箱地址发送验证邮件，用户注册完成后等待后台审核通过即可，如图 4-5 和图 4-6 所示。

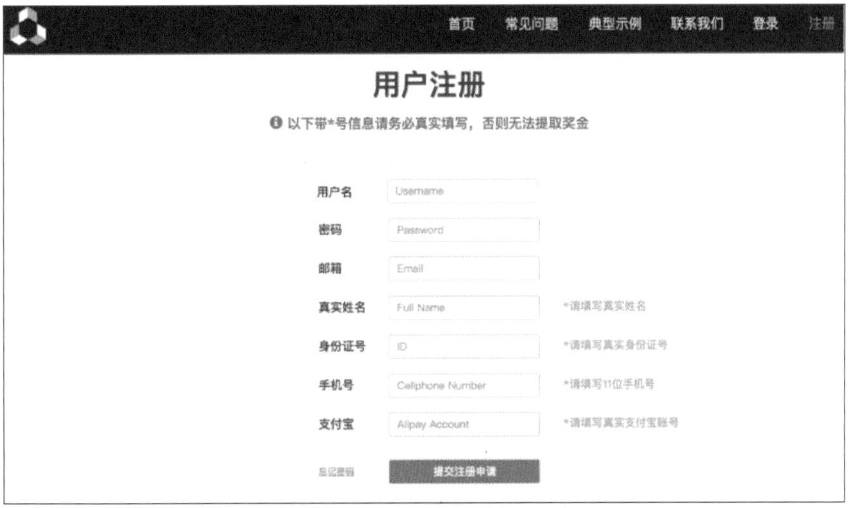

首页
常见问题
典型示例
联系我们
登录
注册
用户注册
以下带*号信息请务必真实填写，否则无法提取奖金
用户名
Username
密码
Password
邮箱
Email
真实姓名
Full Name
*请填写真实姓名
身份证号
ID
*请填写真实身份证号
手机号
Cellphone Number
*请填写11位手机号
支付宝
Alipay Account
*请填写真实支付宝账号
忘记密码
提交注册申请

图4-5　用户注册界面

请求已提交，请登录您的注册邮箱查收邮件并激活您的账户，我们的管理员会尽快处理审核，请稍待！

确认

图4-6　注册完成界面

（3）目前旷视 Data++ 数据标注平台采用企业承接任务的形式进行具体标注项目的申领，在个人账号注册成功后，数据标注工程师需要加入相应企业，如图 4-7 所示。

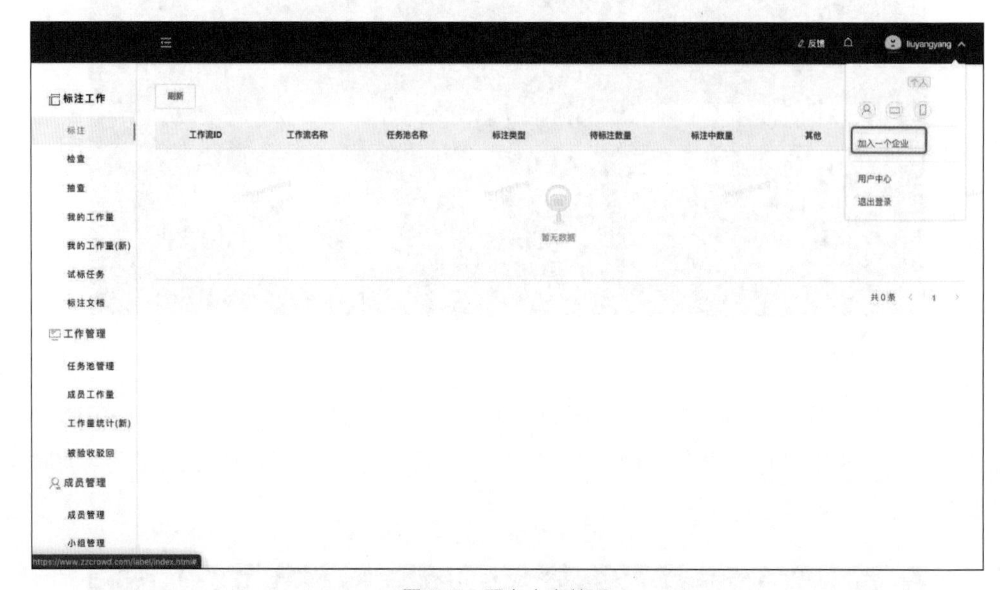

图4-7　平台个人首页

单击界面右上角的“个人信息”，出现下拉列表，单击“加入一个企业”选项，跳转至加入企业界面，如图 4-8 所示。填写相应企业的邀请码，单击“确定”按钮，成功加入个人所在标注企业，完成旷视 Data++ 数据标注平台企业绑定认证。

图4-8　加入企业界面

4.3.2　标注操作流程

旷视 Data++ 数据标注平台操作流程主要分为登录平台、开始标注、提问及查看工作量 4 个环节。

1. 登录平台

首先数据标注工程师需要进入旷视 Data++ 数据标注平台首页，输入账号信息，登录已注册账号。进入标注平台后，单击左侧“标注工作”菜单栏中的“标注”选项，如图 4-9 所示，即可在界面看到自己负责的所有标注任务。单击指定任务右侧的“开始标注”选项，进入具体标注任务页面。

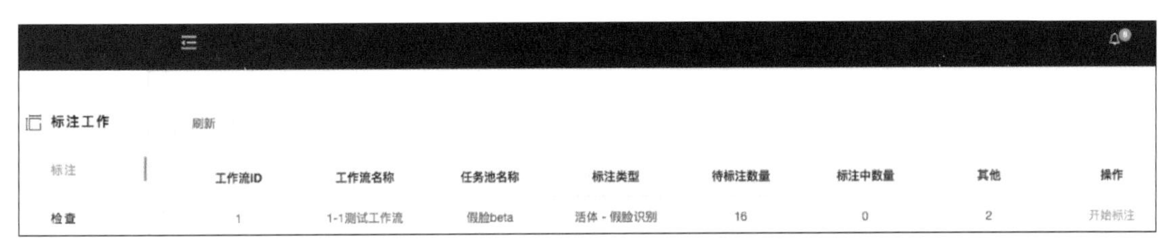

图4-9　标注工作任务列表

2. 开始标注

旷视 Data++ 数据标注平台标注界面如图 4-10 所示。标注工具的基本功能区显示标注项目的基本信息、任务倒计时以及基本的任务功能按钮，还有标注数据的图片和标注区域。图 4-10 的属性标注任务就是根据左边图片的车型单击选择右边对应的属性。在标注任务的过程中，所有标注操作都可以在黑色区域完成，但是形式和内容会随着标注工具的不同而发生变化。

（1）提交：当标注操作完成后，单击右下角的“提交”按钮，即可将任务提交至下一环节。

（2）跳过：如果该任务不符合标注要求而无法标注时，单击跳过按钮，进入下一任务。

（3）重标：单击“重标”按钮，可以将任务恢复成初始状态而对该任务进行重新标注。

（4）保存：单击“保存”按钮，可以将当前标注结果在一定时间内保存到服务器中。如果倒计时结束数据标注工程师仍未提交任务，则该任务会重新分配给其他人。

（5）倒计时：在标注页面右下角会显示任务倒计时，时间会根据项目的难易程度进行设置。如果数据标注工程师没有在倒计时结束前完成标注，则该任务会被重新分配。

（6）查看详细标注历史：默认情况下，界面上显示的是标注任务最近一次被处理的记录，如图 4-10 中标注历史栏显示标注图片被进行提问处理。当操作记录大于 1 次时，标注历史栏会出现“详细标注历史”选项，单击“详细标注历史”按钮，可以展开该任务历史上所有的标注、检查、抽查、验收等记录。

图4-10 属性标注任务界面

3. 提问

标注员在标注的过程中可能出现暂时无法准确标注的问题，遇到这种情况，可以单击右下角的“提问”按钮，将问题提交给组长。待得到项目组长的确切答复之后，单击“疑难问题—撤销问题”，如图 4-11 所示，提取提问数据继续进行标注。

4. 查看工作量

所有的标注项目都会有具体效率要求，单击标注工具菜单栏的“我的工作量”选项，查看个人当天的工作量，也可以根据时间筛选具体的工作量；单击“我的工作量（新）”选项，可以查看所标注项目的验收通过情况，这些是衡量标注员绩效的标准，如图 4-12 所示。

旷视 Data++ 数据标注平台是人工智能时代下的产物，对人工智能技术提供更多数据支撑，掌握上述的平台操作流程后就可以熟练地执行后续数据标注任务。

标注工作　刷新　问题阶段：待小组长处理　小组长已回复　待验收员处理　待小组长确认

序号	任务池ID	标注类型	用户名	提交者身份	问题描述	提问时间	回复时间	小组长	验收员	问题阶段	操作
307052	6211	通用工具 - 框+属性	nj_ma_xiatou	标注员	0	2020-05-28 11:57:06	-			待小组长处理	查看问题
306964	3278	通用工具 - 属性标注	nj_qianqian	标注员	1	2020-05-28 10:33:37	-			待小组长处理	查看问题 …
306372	6075	通用工具 - 点+属性	xz_yf	标注员	1	2020-05-27 12:38:03	-			待小组长处理	撤销问题
306058	6211	通用工具 - 框+属性	nj_ma_xiatou	标注员	0	2020-05-27 09:38:23	-			待小组长处理	查看问题
306056	6211	通用工具 - 框+属性	nj_ma_xiatou	标注员	0	2020-05-27 09:38:16	-			待小组长处理	查看问题
305948	6075	通用工具 - 点+属性	xz_zt	标注员	1	2020-05-26 20:08:08	-			待小组长处理	查看问题
305947	6075	通用工具 - 点+属性	xz_zt	标注员	1	2020-05-26 20:08:03	-			待小组长处理	查看问题
305171	6211	通用工具 - 框+属性	sundandan	标注员		2020-05-26 09:51:14	2020-05-28 10:52:25	fengmengyao		小组长已回复	查看问题
305149	6190	通用工具 - 点+属性	xz_fenglin	标注员	32	2020-05-26 09:36:53	-			待小组长处理	查看问题
305141	6190	通用工具 - 点+属性	xz_fenglin	标注员	9	2020-05-26 09:29:14	-			待小组长处理	查看问题

标注　检查　抽查　我的工作量　我的工作量(新)　试标任务　标注文档　工作管理　任务池管理　成员工作量　工作量统计(新)　被验收驳回 99+　成员管理　成员管理　小组管理　邀请注册　疑难问题

共 9038 条　1　2　3　4　5　6　…　904

图 4-11　疑难问题界面

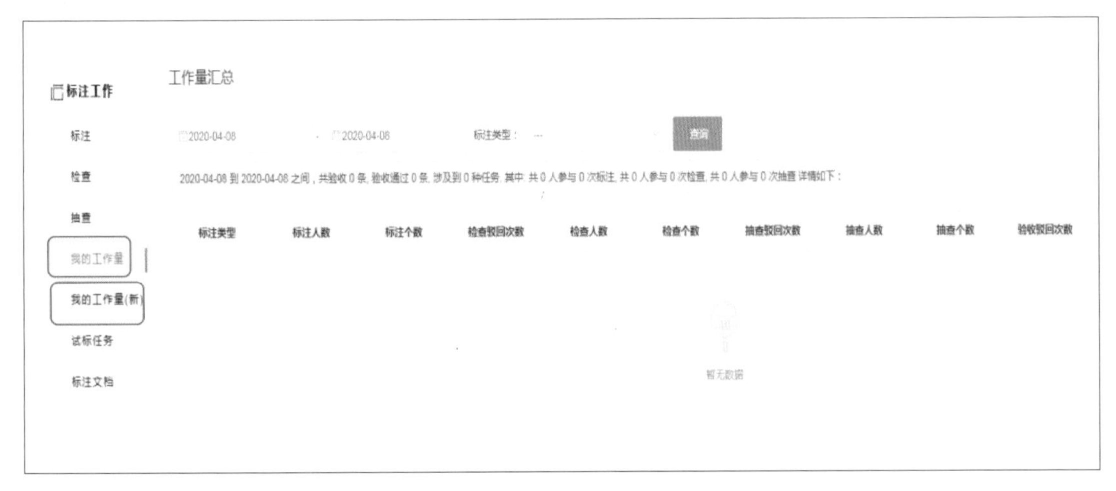

图 4-12　工作量汇总界面

现在，旷视 Data++ 数据标注平台可以支持私有化部署，并通过标注工程师活体认证、加盖水印、数据加密等多种机制，保障数据安全。在正式参加标注项目前，标注团队成员均会经历试标、练习、考试等多种培训途径提升标注水平，然后根据项目难度和特性，匹配最佳标注团队，这样先进的理念与项目部署方式使得旷视 Data++ 的标注效率显著高于行业平均水平。同时，平台也支持多种标验策略的组合搭配，项目经理会综合评估标注任务类型、标注团队水平及项目要求，灵活配置标注、检查、抽查、验收等环节，确保数据交付质量。此外，平台还支持无缝连接采集平台及算法训练平台，实现一站式采集、标注、清洗及算法训练，以满足多样化的数据服务需求。

针对平台任务量大、难度高的特点，旷视 Data++ 数据标注平台也从工具的策略和交互上进行了改进，极大地提升了易用性。

在工具方面，旷视 Data++ 数据标注平台自主研发了很多策略用以提高标注效率。比如视频跟踪标注中，标注工程师可以只标注起始帧和结束帧，中间帧由算法自动补充，结果支持人工修改，极大提高了标注效率；再比如“蜜罐策略”，运用对埋点数据的监控，为任务提交的准确率设定一个阈值，由人工审核思路转变为算法审核，极大地提高了交付效率。

在工具的交互界面上，拉框打点操作与原有操作系统相比，减少了 30% 以上的操作次数；同时工具中增加、优化了快捷键的使用，比如居中放大，亮度对比度调整等；整体标注主界面最大化的同时，标注员可自定义界面配置，减少无用的界面占用。

在数据统计部分，旷视 Data++ 数据标注平台在可视化分析的加持下，实现了包括工作量在内的实时统计，让每一个项目参与者都可以清楚地了解个人的工作任务与实际进展。同时，管理者可通过查看项目、团队、个人多维度的效率与质量分析，提前预知项目风险，实时了解项目执行情况，为决策提供支持。另外，平台可以对人员占用情况进行记录，利用 AI 技术实现智能预测，进行相应的人员饱和度分析，帮助项目相关人员制订更为科学高效的工作计划。

虽然旷视 Data++ 数据标注平台有着独特的优势，但是纸上得来终觉浅，绝知此事要躬行。我们还是要做到理论与实践的结合，最大化地利用平台优势，将平台利用到最优。最后，送给大家一句陶行知的话：

行是知之始，知是行之成。

第5章

通用标注工具

餐饮行业如何应对安全要素提升的新变化呢？

目前，“明厨亮灶”在餐饮行业里已经开始推广起来。作为守护舌尖安全的第一步，明厨亮灶相关检测实施方式仅停留在原来的透明隔断或后厨视频直播的基础上，其作用有限。当前市场上对明厨亮灶进行检测的工具大体分为广告机类、视频监控类、平台类、AI识别类。其中AI识别类相比广告机类、视频监控类和平台类，因能提供智能监控报警等更为复杂的功能而广受人们青睐。

如今的AI识别类工具可以配合多种使用场景，可以针对餐饮与食堂场景内工作人员的穿戴、常规操作进行检测，通过检测对操作员和服务员进行约束。同时还会对工勤人员行为进行分析，如是否穿戴标准工作服，是否佩戴口罩、佩戴帽子，是否有闲聊、抽烟行为等。

当操作场所出现不符合规范行为时，检测工具系统将实时自动识别抓拍，并立即向安全人员示警，方便安全人员及时对服务人员纠错，以此提升餐饮行业厨房里的食品安全。

这些工具提供的高级功能看似高深莫测，实际上这是人工智能中利用计算机视觉实现的。具体就是让计算机通过人工智能算法学习用图片批量筛选类工具对一类数据标注后，使计算机达到这个功能的。本章介绍批量筛选中的一个常见标注工具——行人属性筛选工具。

5.1 行人属性筛选

5.1.1 行人属性筛选定义

行人属性筛选是从输入的图像中挖掘出行人的属性信息，例如性别、年龄，是否戴帽、戴眼镜、戴口罩，穿着的衣服颜色、背包类型等。在标注工具归类里，行人属性标注工具属于图片批量筛选工具的一个子集。因为该工具操作简易，处理图片数目多，可广泛应用到生活中，因此是一个使用频率非常高的标注工具。常见的图片批量筛选工具可以覆盖车牌批量筛选、车辆批量筛选等具体场景。本章介绍的行人属性筛选是计算机视觉技术方面针对行人识别、行为识别与预测进行深度研究的一个重要工具，非常适合在大批量数据处理中使用。使用此工具可以帮助数据使用方迅速区分和锁定相关行人应具备的属性，并依照分门别类后的属性信息开展进一步的行动，如图5-1所示。

图5-1　行人属性筛选的信息

5.1.2　行人属性筛选工具介绍

登录旷视 Data++ 数据标注平台后，可以在左侧的菜单栏中单击“标注”选项，然后界面右侧会显示出可以进行标注的项目列表，找到我们需要标注的“属性筛选”项目，鼠标单击该行最右侧的“开始标注”按钮就可以进入工具的标注页面，如图 5-2 所示。

反馈
bj_litianchun
标注工作
标注
检查
抽查
我的工作量
我的工作量(新
试标任务
标注文档
工作管理
任务池管理
成员工作量
工作量统计(新
被验收驳回
成员管理
成员管理
小组管理
邀请注册
刷新

工作流ID	工作流名称	任务池名称	标注类型	待标注数量	标注中数量	其他	操作
	一人所属照片清洗	一人所属照片清洗	识别 - 一人所属照片清洗	4	0	0	开始标注
	属性筛选	图片批量筛选（属性筛选）	通用工具 - 图片批量筛选	61	0	0	开始标注
							继续标注
							开始标注
							继续标注
							开始标注
							开始标注
							开始标注

共 18 条　<　1　2　>

图5-2　行人属性筛选工具

通过行人属性筛选工具，即可把不符合标准的图片剔除出来，用于人工智能的算法训练。下面详细介绍行人属性筛选工具操作的具体标准。如图 5-3 所示，界面左侧为图库，图库中有若干组图片，每组图片由 1 ~ 4 张小图组成；界面右侧为剔除区域。我们可以通过鼠标单击图库中的图片来将其中不符合既定标准（如打伞、抽烟等）的图片筛选出来，集中清理到右侧。

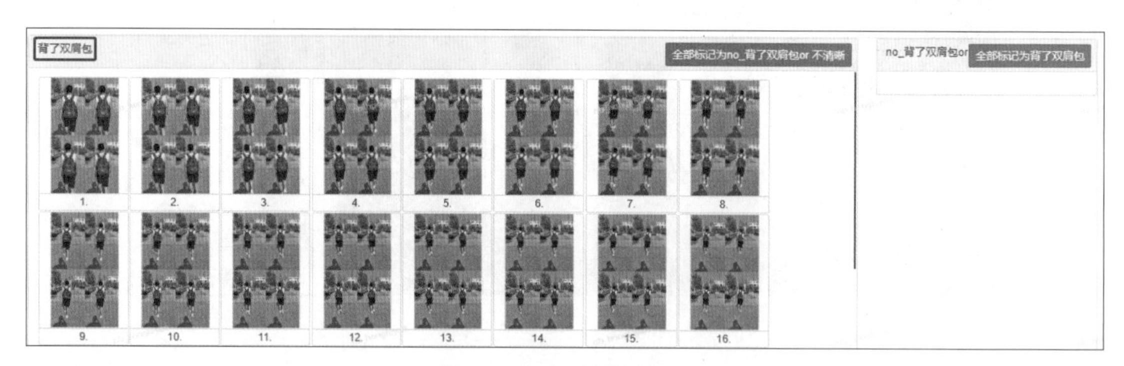

图5-3 行人属性筛选标注

在实际标注操作中，数据标注工程师先查看图片中的目标人物（一张图片由 4 张小图组成，4 张小图中，只要有至少 1 张小图中的人物满足了属性要求，该 4 张图片组便满足了相关的属性需求）是否满足筛选要求，满足属性条件的保留在左侧，不满足属性条件的放到右侧；然后再判定关键人物，关键人物为图片中出现次数最多的人。若图片中出现次数最多的人不止一位，则剔除该图片。

（1）如图 5-4 所示，在图片中穿灰色上衣的男士出现 4 次，穿黑色上衣的男士出现 1 次，所以这张图片中的关键人物为穿灰色上衣的男士。

图5-4 关键人物判断

（2）如图 5-5 所示，这幅图中的 4 张小图片均有两人，分不清主体人物是短发女孩还是长发女孩，即分不清关键人物，在数据标注这张图片时应剔除这类图片。

图5-5　关键人物无法判断

5.1.3　行人属性筛选分类

行人属性筛选种类丰富，当前在行人属性标注筛选中，主要围绕 6 种属性进行标注，分别是有包、无包、有伞、无伞、有帽子、无帽子。其中有包或无包类属性是会针对是否背单肩包、双肩包以及是否携带手提箱来进行重点讲解。

1. 对是否有包进行标注判断

（1）有包的判断：图中有一个袋子 / 提手袋及一个装东西的容器，这个容器可以是背包、挎包、提包、手包、拉杆箱、塑料袋等可以装东西的容器。如果图片中可看见明显的包带，那么也算有包。

（2）包的标注判断：箱子（没有提手）；没有任何包或塑料袋；如果目标人物手持着在图片正常状态下，看不清楚的物品，一定要将图片放大后认真观察。通常情况下，手持了未张开的伞，或者手持了书、纸、水瓶等物品，都会在图片正常状态下给标注工程师造成目标人物在手持包的困惑。因此，是否有包的判断需要标注工程师额外注意。另外，需要特殊注意的是，图中有抱着箱子（没有提手）或塑料袋的情况都属于无包，如图 5-6 所示。

图5-6　无包的判断

1）双肩包标注的判断

如果在图片中可以清晰地看见人物两侧肩膀上有两条背包肩带的情况，可推断该人物背有双肩包，如图 5-7 所示。

图5-7　双肩包的判断

2）单肩包标注的判断

如果在图片中明显看见人物背面、侧面、正面有一条肩带的情况，可以推断其背着单肩包。图 5-8 所示的 3 种情况均可判定为背着单肩包。

图5-8　单肩包的判断

3）拉杆箱标注的判断

如图 5-9 所示，手中携带拉杆箱的为有拉杆箱的标准图片，行李箱放在脚边无人手提则不算行人携带拉杆箱。

图5-9　拉杆箱的判断

2. 是否打伞标注的判断

判断图片中关键人物是否打伞，不仅需要观察照片中是否有伞，而且需注意伞的状态。

（1）如图 5-10 所示，照片中清晰可见穿黑色上衣的男士手里撑着一把雨伞，且雨伞的高度超过头部，把这种图片标注为打伞。

图5-10　打伞的判断

（2）如图 5-11 所示，在图片中可以看到伞且撑开，但伞均未举过头顶，这种图片标注时无法准确判断是否打伞。

图5-11　无法判断是否打伞

（3）如图 5-12 所示，图中的人物手里拿着伞，但伞未撑开，所以图片标注为没有带伞。

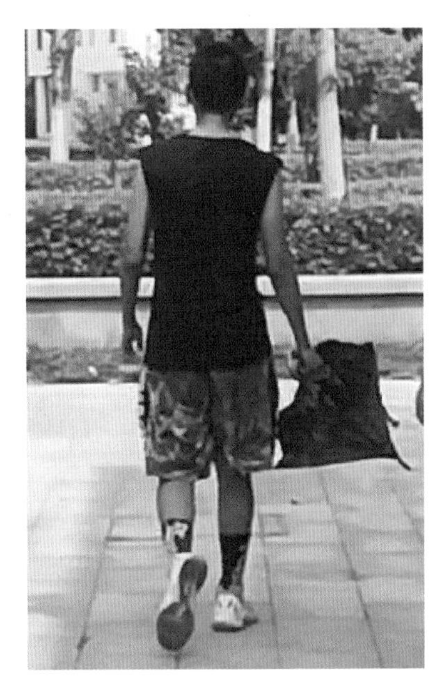

图5-12　没有带伞的判断

3. 是否戴帽子标注的判断

对帽子标注的一般意义描述包括头盔、太阳帽、安全帽、纱巾、雨衣帽、防晒帽、衣服上黑色的帽子并且戴在头上的，这类图片标注时都算戴帽子，如图 5-13 所示。

  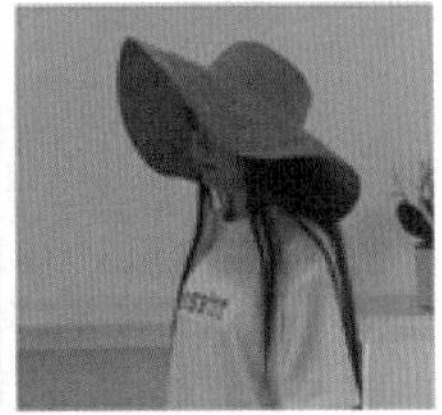

图5-13　戴帽子的标注判断

5.1.4　标注注意事项

（1）标注图片时以判断为真人为准，如果图片中非真人，则剔除该类图片。图 5-14 所示的模特是假人，所以不对此类图片标注，且应剔除。

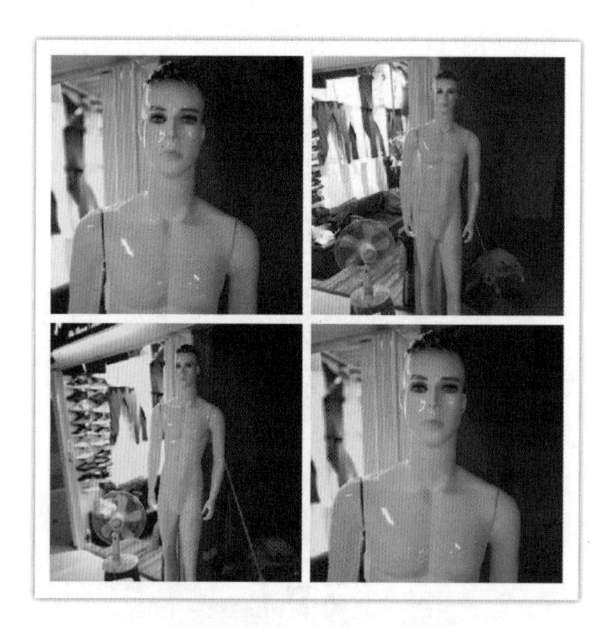

图5-14 有假人的图片不标注

（2）在标注图片时无须考虑行人在图中的完整性，只判断相应目标人物属性是否符合标注标准即可。图 5-15 中虽然人物被部分遮挡或不完整，判断只要符合上面定义的拉杆箱标注的要求即可保留此类图片，其他情形的图片也可参照这个标准执行标注。

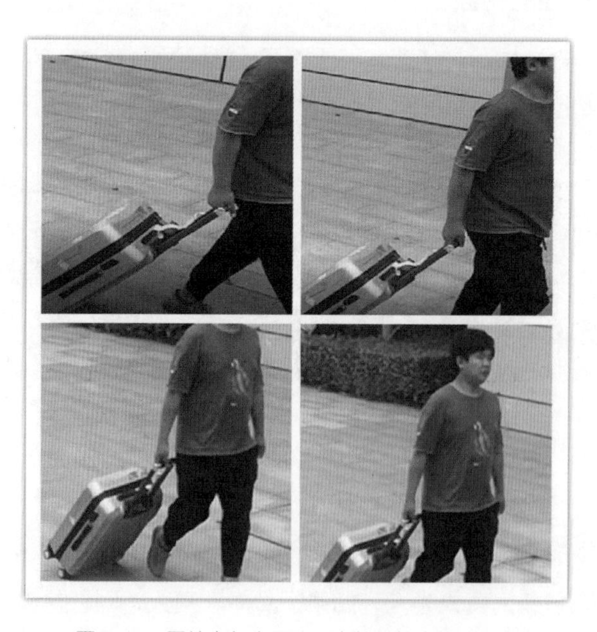

图5-15 图片中行人显示不完整但符合标注要求

（3）由于工具页面展示数据数量较多，且数据尺寸较小，因此容易发生图片不清晰不利于判断的情况。在这种情况下，标注工程师可以选择用鼠标右击图片，单击“在新标签页中打开图片”按钮，如图 5-16 所示。

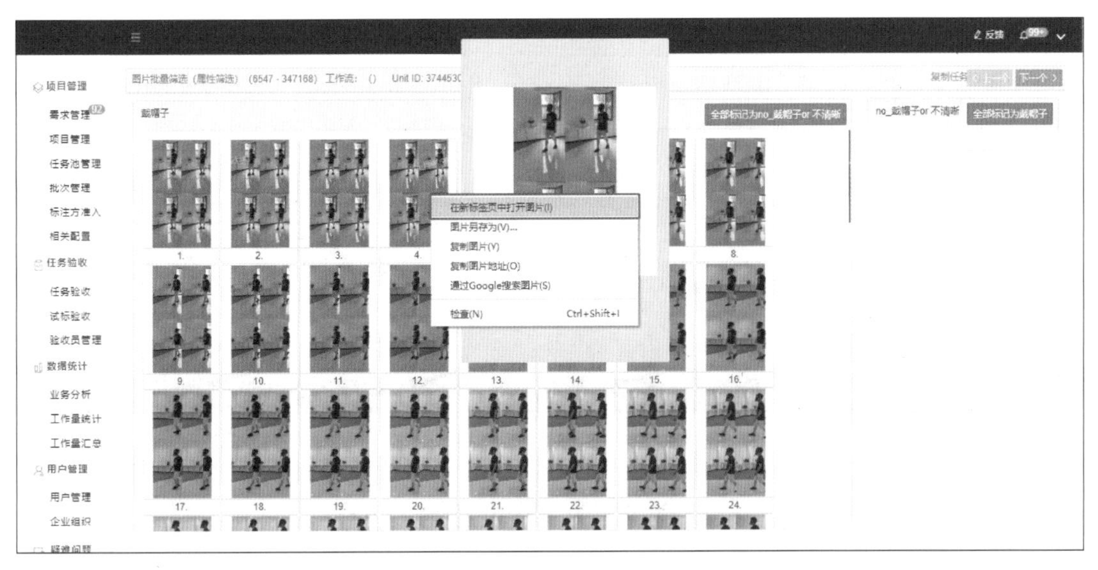

图5-16　处理看不清的图片

接下来可以在新弹出的网页中看到放大后的图片，如图 5-17 所示。如果放大后的图片仍然模糊无法确认，则应考虑剔除这类不确定的图片。

图5-17　处理后的图片

5.1.5　标注难点

（1）图片模糊看不清；采集的照片，因为光线、角度、场景等原因，无法确保像素的清晰度，标注数据时常出现看不清图片的情况。

（2）图片数量过多，导致操作失误；在每一个具体的界面中会有若干组数据被展示，有的时候数据会多到百组以上，而且每组图片又由 1 ~ 4 张小图组成，面对如此多的图片，数据标注工程师很容易出现视觉盲点，漏看图片，导致不符合的图片未被剔除，或者正确的图片被剔除等情况。

（3）属性过多，标注不明确；属性筛选时对每组图的数据要求是不一样的，标注数据时一定要看清楚图库界面左上角的要求再进行筛选，避免惯性操作导致标注失误，如图 5-18 所示。

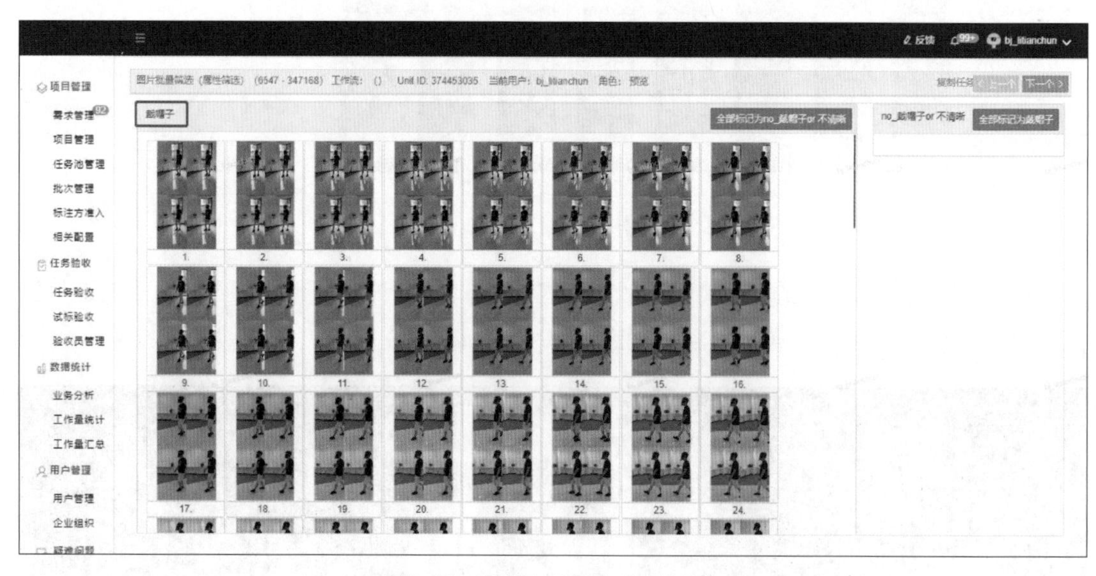

图5-18　看清图库界面左上角的要求

5.1.6　实际中的应用

1. 城市/社区安全管理

计算机通过人工智能算法学习这些标注的图片后，通过计算机视觉可以识别行人的性别、年龄、衣着外观等特征，帮助使用者监测预警各类危险、违规行为，减少安全隐患。图 5-19 所示为应用在城市管理中的摄像头。

图5-19　智能摄像头

2. 智能零售

针对商场、门店等线下零售场景，计算机通过人工智能算法学习行人属性标注的图片，可以具有行人属性筛选技能，如识别入店客群的信息，制作消费者画像，通过识别出来的数据信息，帮助店家有针对性地进行精准营销、个性化推荐、门店选址、流行趋势分析等应用。

3. 线下广告投放

计算机通过人工智能算法学习行人属性标注的图片，可以辅助商家对写字楼、住宅、户外等广告屏智能化升级，也可以通过摄像头设备识别人体信息，分析人群属性。根据识别出的数据，通过市场细分定向投放广告物料，提升用户体验和商业效率，如图 5-20 所示。

图5-20　线下广告投放

5.1.7 思考与讨论

为什么属性筛选工具只需筛选真人图像，而无须考虑行人的完整度呢？

5.1.8 行人属性筛选工具现状及展望

属性筛选是一个常用的通用类工具，处于计算机视觉分类阶段，在绝大多数项目流程中优先于属性检测步骤。属性筛选工具适用于任何识别人体属性相关的项目，如识别主体人物的面部特征、服装、配饰、行为等，同时还可以支持其他一些需要挖掘高层语义信息的识别算法需求。行人属性筛选通常通过预置属性列表中属性的方法，确保输入的图片内容可以被列表中的属性所描述的方式进行数据标注。

在属性筛选标注中，发型、颜色、帽子、有无挎包等信息只是局部图像块的低层属性信息，而年龄、性别等信息却是全局的高层语义信息。当视角、光线等信息变化时，被标注图像的呈现会有很大的不同。但是即使图片是由不一样的视角或是不一样的光线背景下被展现给标注工程师，每一张图片的核心属性信息还是不会改变的。例如，图片中目标人物的年龄、性别、发型、是否佩戴帽子等客观的属性信息是不应该随图像的呈现方式而不同的。因此，在图像可视化信息多变的情况之下，我们需要人工上传大量的数据来保证计算机识别算法的鲁棒性。

知识拓展

鲁棒性

计算机软件在输入错误、磁盘故障、网络过载或遭到有意攻击情况下，能否不死机、不崩溃，就是该软件的鲁棒性。所谓鲁棒性，是指控制系统在一定的参数摄动下，维持其他某些性能的特性。根据对性能的不同定义，鲁棒性可分为稳定鲁棒性和性能鲁棒性。

因此，批量图片筛选具有预标注功能，可以辅助标注人员优先识别主体人物的预定特征，减少操作流程，缩减整体项目操作时间，一定程度上节省标注成本，常被用于数据体量大的二分类项目，例如，“一盔一带”安全保护行动。

为有效保护摩托车、电动自行车骑乘人员和汽车驾乘人员生命安全，减少交通事故死亡率，在全国部署开展头盔监管安全守护行动。旷视在原有的摄像头系统中融入一套“头盔识别”算法，通过百万级海量数据训练，提取了上百种安全头盔款式的特征，进而利用属性筛选工具，识别骑乘人是否安全佩戴头盔，便于交警更好地展开头盔监管工作。由于属性筛选工具在识别人体特征过程中具有速度快、成本低的优势，所以在未来会得到良好的发展，短时间内还会是一个主流的标注工具。

知识拓展

行人属性识别过程

行人属性识别是在行人检测、行人子部件、附属物定位的基础上，实现行人的精细化识别。用于图像智能分析、识别行人特征。首先需要对图像进行分割，对图像中行人的特征信息进行提取，并送入已训练好的分类器中进行分类识别，以此来识别行人，如图 5-21 所示。

图5-21 行人属性识别

识别技术：基于数据统计和模板匹配

通过采集大量的样本，对正负样本进行特征向量提取、特征概率计算，并根据最优选原则，对行人及行人属性目标进行分类识别，并最终得到识别后的结果，如图 5-22 所示。

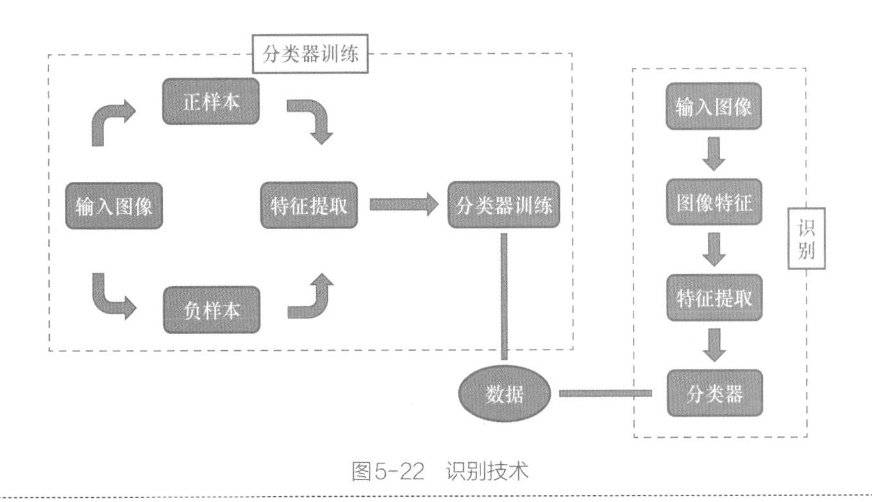

图5-22 识别技术

5.1.9 小结

随着近些年来各地智慧城市建设进程加速，图像识别技术在城市安全、城市治理、城市交通等各个细分场景都有了极大的价值空间。要从海量的图像中寻找到有效信息，必然会耗费大量的人力、物力。这为行人属性识别工具带来了广泛的应用前景，受到了越来越多研究者的关注。虽然行人属性筛选是一个操作相对比较简单、不需要快捷键进行过多辅助的工具，但是由于工具本身所涉猎的内容非常广泛，每一个项目对具体标注的属性有着不一样的要求，因此一定要看清每组图片的筛选要求再进行操作。提交前要确认检查，避免失误。

无人便利店以人为核心，以数据为驱动力，通过新技术、新能源（即大数据）来重塑零售业态的“人”“货”“场”的关系，从而提升用户体验，改变零售业的形态。同时基于云计算和大数据，融合人、货、场，获得流量，赢得关系，实现精准营销。

无人便利店将是一个创新的切入点，刷脸进店、动态货架、自动结算、远程协助……缤唐无人便利店通过“属性标注”技术的革新，用较低的成本运营着一个24小时营业的便捷的商业容器。这种创新的形式对接上传统的供应链，将碰撞出更大的发展前景。

5.2 属性标注

图像属性标注是指图像级别的标注，特指把目标图像作为一个整体，标注单个或多个标签，不会过度关注图像细节。图像属性标注具有操作简单、标注速度快的特点，常被用在常规分类任务、图像质量评估和数据集筛选等任务中。

5.2.1 属性标注工具介绍

本章重点介绍的工具为“属性标注”工具，属性标注属于通用工具中的常见种类。该工具的目的是从输入的图像中挖掘所涵盖的属性信息，例如图像中是否含有人、车辆、动物、食物、电子产品等。因操作方式简单快捷，属性覆盖范围广，可标注图片数量多，且属性定义明确的特点，属性标准工具经常被使用到大量分类相关的的项目当中。同时使用此工具还可以对如图片内人物是否清晰或模糊等图片质量进行评估。本章介绍的属性标注是计算机视觉技术方面针对物体分类、行人属性分类进行深度研究的一个基础工具，非常适合在大批量数据处理中使用。

由于计算机无法听懂人类的语言，数据标注工程师没有办法直接告诉计算机每张图片内都有什么物体，因此数据标注工程师需要人工识别图片内的物体，并将其对应的属性进行选择标注，充分利用计算机能够听懂的“代码”，传达每张图片内包含的物体，以方便训练机器识别。

在登录旷视 Data++ 数据标注平台端后，可以在左侧的菜单栏中单击“标注”一项，然后界面右侧会显示出可以进行标注的项目列表，找到需要标注的“属性标注”项目，单击该行最右侧的“开始标注”按钮，即可进入到工具的标注页面，如图 5-23 所示。

反馈

标注工作
标注
检查
抽查
我的工作量
我的工作量(新
试标任务
标注文档
工作管理
任务池管理
成员工作量
工作量统计(新
被验收驳回
成员管理
成员管理
小组管理
邀请注册

刷新

工作流ID	工作流名称	任务池名称	标注类型	待标注数量	标注中数量	其他	操作
	一人所属照片清洗	一人所属照片清洗	识别 - 一人所属照片清洗	4	0	0	开始标注
	人体骨骼点	人体骨骼点	通用工具 - 点+属性	508	0	0	开始标注
	人脸8点	r人脸8点	检测 - 人脸8点	324	0	0	开始标注
	精细抠图	精细抠图	精细分割标注	85	0	0	开始标注
	3D Pose	人脸3D Pose	属性 - 人脸3D朝向	341	1	0	继续标注
	视频人脸8点	视频人脸8点	跟踪 - 视频人脸8点	2	0	0	开始标注
	多边形+属性	多边形+属性	通用工具 - 多边形+属性	195	0	0	开始标注
	属性标注	属性标注	通用工具 - 属性标注	116	0	0	开始标注
	手部关键点	手部关键点21点	通用工具 - 点+属性	3	0	0	开始标注
	框+属性	框+属性	通用工具 - 框+属性	145	0	0	开始标注

共 18 条 ‹ 1 2 ›

图5-23 属性标注工具界面

标注页面分为两部分，左侧的部分为需要标注的图片，右侧的部分为选择对应属性的标注。在左侧图片内，可以通过按住鼠标滚轮并拖动鼠标来拖动图片，并且可以通过上下滑动鼠标滚轮实现对图片的放大和缩小。

在右侧的标注界面内，可以通过鼠标单击每个属性的 icon 来选中对应属性，工具页面如图5-24所示。页面左侧为需要标注的图片，在标注时，需要根据左侧图片的内容，在右侧的标注界面中对图片中所出现的人物或物体属性进行标注。

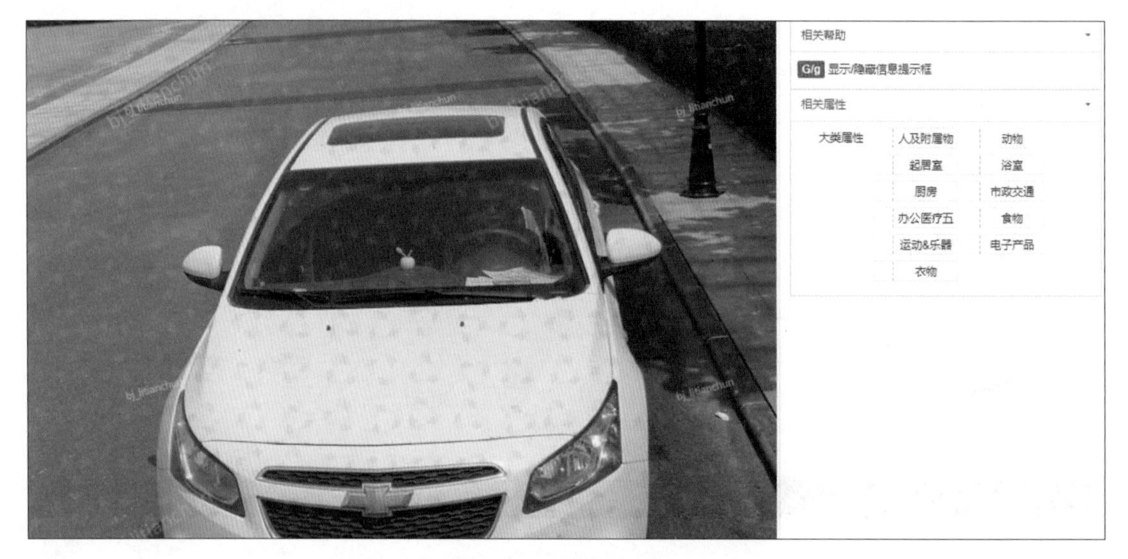

图5-24　属性标注工具

5.2.2　标注内容

属性标注工具可以使用的场景非常广泛，大到山川楼宇，小到桌椅板凳。从严格意义上来说，只要是一个具体事物，且拥有事物应有的性质与关系，就可以认为具备事物应有的属性，也就可以通过属性标注的方式辅助机器人认知世界。为了让读者更好地掌握属性标注的操作，同时深层次地理解属性标注的本质与重点，本章以 Objects365 项目中的标注内容定义作为标注标准。

知识拓展

Objects 365项目

2019 年 4 月，在北京举行的“智源学者计划”启动暨联合实验室发布会上，旷视与北京智源人工智能研究院共同发布目标检测数据集——Objects365。该数据集具有规模大、质量高、泛化能力强的特点。

Objects365 项目物体类别众多，为了修正表意不清和相互重叠的类别名，使标注界面尽可能清晰，在定义阶段相关人员把 400 余种类别分成了 11 个种类，这样也方便了标注工程师进行属性标注与分类。在本节中，本着介绍工具为主的目的，对 Objects365 项目进行了简化，从 400 余种类别压缩为了 100 余类别。标注工程师只需要对本章简化版 Objects365 项目中出现的物体按照相对合理且方便标注的方式分类。根据以往的项目经验，我们对属性顺序按照出现的频率进行了排列，读者按照图 5-25 所示的属性标注文档对所有图中出现的物体进行对应的属性标注。

人及附属品	起居室	厨房	办公五金	运动乐器	衣物	动物	浴室	交通市政	食物	电子产品
人及附属品	沙发	瓶子	各种笔类	球类	眼镜（包括墨镜）	鳄鱼	水槽	汽车	易拉罐	麦克风
耳环/项链	椅子	盘子	垃圾桶	滑梯	鞋子	狗	水龙头	船	糖果	手机
书	吊灯	杯子	胶带	吉他	帽子	画报上的动物		自行车	水果	单反照相机
手表	画/画框	叉子	钳子	球杆	领带	蜘蛛（包括模型）		路灯（能看到长杆）	面包	音响
戒指	花盆	筷子	黑白板	鱼竿	领结	马		帆船	披萨	笔记本电脑
气球	桌子		固话	冲浪板	包	虾仁		路牌	西餐	摄影机
旗子	凳子		灭火器	棒球手套	头盔	梅花鹿		摩托车	中餐	耳机
奖杯	风扇		梯子	秋千	手套	松鼠		手推车	蛋糕	三脚架
帐篷	台灯		铲子	枪	皮带			路障	蔬菜	显示屏
菜单	花束				人字拖			马车		光盘
	蜡烛				行李箱			儿童车		扬声器
	钟									
	插座									

图5-25　属性标注文档

在标注的过程中，应当熟读文档，牢记文档中每个属性所对应的类别包含哪些具体物体。对类别易混淆的物品应着重反复记忆，在提交项目前确保所标注物品属性的准确性。

5.2.3　标注方法

在实际标注操作中，为了帮助标注工程师准确记忆各物品对应的属性，下面总结了 3 个切实可行的记忆方法。

1. 按大类记忆

首先粗略记忆各大类的物品属性，精确记忆个别不好判断属性的物品。例如人及附属品中，可以优先粗略记人、饰品、化妆品及化妆工具、娱乐玩具等高频率、易分辨物体，对旗子、奖杯等容易混淆的物品单独加深记忆。

2. 按场景记忆

可以根据图片场景及物品属性记忆，如户外可能有人和车，室内可能有杯子、沙发等。

3. 按序查找

寻找物品时，按照自己习惯的顺序从上到下或者从左到右寻找图中的物体，节省时间并且避免出现物品遗漏。

根据图片中的内容，对图中所出现的物体进行对应属性的标注，如图中出现了“眼镜”，则属性中需要标注“衣物”；图中出现了“自行车”，则属性中需要标注“交通市政”。

如图 5-26 为属性标注数据展示，图中出现了“人”“领带”“吉他”“麦克风”，需要标注的对应属性为“人及附属品”“衣物”“运动乐器”“电子产品”。

图5-26　属性标注数据展示

5.2.4　标注难点

属性标注工具的难点主要有 3 个，下面进行一一说明。

（1）文档中的属性表格中会出现一些不符合常理的物体与属性对应，如行李箱算作衣物，虾仁算作动物等。偶尔进行一些看似不合理分类的原因，我们会在后面的部分予以介绍。某些物体细节经常会出现错误，需要对这些特殊物体与属性加以牢记。

（2）图片中会出现比较杂乱的场景。例如办公桌，由于桌面杂乱，因此可能会出现一些不明显的物体被漏标的情况，需要仔细观察。

（3）可以确认物品本质的就需要标注，不局限于物品表现形式。例如，如果在倒影（虚像）中可以认出物体本质，则需要对物体的倒影（虚像）也进行相应属性的标注。

在实际操作中，能看出是目标物体的就可以正常标注，无论是否拆开、切断等。例如，切开的西蓝花还是西蓝花，拆解了的自行车还是自行车。

如图 5-27 所示，通过玻璃中的虚像可辨别是汽车，就需要标注。

图5-27　玻璃中的虚像

如图 5-28 所示，能看到长杆的路灯才算作路灯。

如图 5-29 所示，海报上出现的物体全部当作真实物体进行对应属性的标注。

图5-28　路灯

图5-29　海报上的动物

5.2.5　生活中的应用

属性标注工具在实际生活中主要应用在交通安全及零售行业。

1. 交通安全

- 违章抓拍

在现今的生活和工作中，人们对交通安全越来越重视，相关法律法规也日渐完善，可还是不乏有一些心存侥幸的人存在着违反交通法规的行为。那么本章介绍的“属性标注”是如何协助交警进行执法的呢？

图 5-30 所示是公路上的监控探头所拍摄到的画面。画面中驾驶员在驾驶机动车辆时没有系安全带，违反了交通规则。对于这种情况，相关部门通过公路上的监控探头对行驶中的车辆进行抓拍，进而利用“属性标注”技术，使计算机检测识别图中驾驶员的违法行为。

图5-30　违章信息

- 行车安全检测

在协助交警执法的同时，“属性标注”也可以在驾驶车辆的过程中为驾驶员保驾护航。这就是本章接下来要介绍的行车安全检测系统。如图 5-31 所示，车内的行车安全检测系统可以通过内置的行车记录仪监测驾驶员的驾驶状态，并利用计算机检测来识别驾驶员有无“玩手机”或者“吸烟”等危险驾驶的行为。一旦发现驾驶员有危险驾驶或者分心行为，系统便会自动发出警报，以提醒驾驶员安全行驶。

图5-31　行车安全检测

2. 零售行业

- 无人超市

在快节奏的社会环境下，人们对生活速度更快、更便捷的要求愈加严格。地铁、高速ETC、汽车穿梭餐厅等，能够实现“加速”的配套设施在当代逐渐普遍。那么本章所介绍的“属性标注”如何能够使人的生活更便捷呢?

针对常规人工收款的超市，消费者经常会遇到排队的情况，这种情况会占用购物过程中相对较长的时间。一些购买非必需商品的顾客，往往因为不可预期的排队时间放弃待交易产品。这种情况下不但不提升消费者的购物体验，而且会降低超市的日交易额。

在无人超市，商家在货架上安装摄像头，对每一件被取出的货物进行检测，识别出货物的类型和价格并实时记录。顾客只需要在离开超市前统一进行付款，从而减少人为商品扫描环节，为消费者省去了大量排队付款的时间。摄像头对商品进行检测、识别的过程，就是利用了本章所介绍的“属性标注”。

【思考与讨论】

“属性标注”可以让计算机识别图中有哪些物体，可是该怎么做才能让计算机识别每个物体在什么位置呢?

5.2.6　属性标注在Objects365中的应用

随着深度模型的深入研究，小规模检测数据逐渐显现过拟合的风险。Objects365，正是凭借构建大型的精检检测数据集来向学术界提供探寻检测问题本质的可能。

知识拓展

过拟合

过拟合是指为了得到一致假设而使假设变得过度严格。避免过拟合是分类器设计中的一个核心任务。过拟合现象的主要原因是训练数据中存在噪声或者训练数据太少。通常采用增大数据量和测试样本集的方法对分类器性能进行评价。

举一个生动的例子。有些同学可能是学校的专才，面对各种试卷的高难度题目，由于事先进行了充分的准备，掌握了解题思路与技巧，因此可以坦然面对，对答如流。可是由于研究的是一些难度较大的题目，反倒是一些简单题目不会做。这样的一种状态便可称为过拟合。

Objects365 在 2019 年标注项目进行的过程中总共分为了筛选、属性标注与“框 + 属性”标注 3 个标注过程。其中，筛选环节提出采集后的不合规数据，主要由计算机算法完成，人工辅助支持；属性标注过程可以称为 Objects365 项目最为重要的一个环节，数据标注工程师被要求对所有图片进行 11 个大类的属性标注区分；在 11 个类别被分门别类好以后，会有 11 组标注工程师针对自己分得的数据进行详细的“框 + 属性”标注，如果前期出现属性没有被划分而直接进入到“框 + 属性”的环节，就会造成数据的漏标，对算法造成巨大的损失。

在属性标注过程中，由于生活中的许多物体是无法进行精确且独特定义的，因此在每一个类别对应的物体内容划分时，往往会出现模棱两可的情况。不同于其他数据标注敏捷类项目，Objects365 历经了长时间的项目前准备，主要是对每一个需要标注的物体进行详细定义。

例如，在生活中，如果提到椅子和沙发，每一个人脑海中都会浮现出形象的物品模样。然而，在具体定义两者的不同时，却发现沙发与椅子的各种概念定义上是互通的，无法做到自证；生活中两者存在的形态各异，更是没办法进行严格划分，而且由于同样的物体可以出现在许多不同的场景，无形中又增大了属性标注的难度。为了帮助标注工程师在工作中克服这一问题，在项目启动之前，相关人员对生活中的很多物品在百科词典上找不到确切定义的物品。例如，在生活中，椅子、凳子和沙发的定义就非常容易产生歧义。在维基百科上，对凳子的定义为：无靠背或矮靠背的座位。然而，如何定义矮靠背，让标注工程师在面对椅子与凳子的图片进行属性标注时对二者不混淆，则成了一个不可求助百科全书而要自定义的难题。最终 Objects365 项目定义能够把盘腿坐上去的是“沙发”，不能盘腿坐上去但是有靠背的是“椅子”，“凳子”则是无靠背或矮靠背且不能盘腿的；沙发放在起居室类别里，凳子出现在厨房分类中。类似的例子比比皆是。虽然定义并不完美，但是这样一来既可以通过相对简单的条件区分这类物体，减少标注时容易产生的歧义，又可以提高标注效率，增加计算机的识别准确率。

另外，Objects365 从方便广大算法研究员研究的角度，选择了以英文的形式输出。由于语言和生活习惯的差异，计算机无法直接将英文单词转换为指向性中文，这也为前期的定义阶段增大了难度。例如，中文语音里的“棚子”，既可以指各式各样的遮阳棚，又可以指各种样式的帐篷，是一个非常具有概括性的词汇描述。而在英语里，每一个不同的帐篷则有着不一样的命名，但是具体的区别却是连以英语为母语的外国专家也无法解答。同样为了确保项目的顺利进行，前期项目调研的人员浏览了大量海内外网站，并邀请了多名外国专家对定义进行校对。最终确保了项目顺利完成，保证了大型精标物体检测数据集的构建完成。

5.2.7　小结

本节重点介绍了属性标注概念、工具使用方法、相关难点以及在日常生活中的应用。属性标注工具利用摄像头等监控设备对目标人物进行动态捕捉，配合计算机算法进一步识别人物行为，常应用于交通安全、金融、零售等行业。在使用属性标注工具时，应重点关注属性需求列表，使用文中方式有效记忆列表中的具体内容，重点关注其中容易混淆的物品属性，避免出现错误标注。

智能交通系统（ITS）是将先进的信息技术、数据通信传输技术、电子传感技术、电子控制技术及计算机处理技术等，有效地集成运用于整个交通管理而建立的一种在大范围内，全方位发挥作用的，实时、准确、高效的综合交通运输管理系统。

交通检测系统是智能交通系统的重要环节，负责采集有关道路交通流量的各种参数。与其他几种车辆检测方法相比，基于“框 + 属性”技术的方法具有直观、可监视范围广、可获取更多种类的交通参数，以及费用较低等优点，因而可广泛应用于交叉道口和公路干线的交通监视系统中。

视频车辆检测器可以检测和监控信号交叉口处的移动和静止车辆，并收集十字路口或城间道路的交通数据。通过检测输出或 IP，车辆信息被传输至信号控制机，利用“框 + 属性”技术及算法实现对监控区域的车辆进行检测和跟踪。

5.3　框 + 属性

边界框是常见的标注技术，也就是在目标对象周围拟合出一个紧密的矩形框的过程。由于边界框相对简单，许多目标检测算法是基于此方法开发的（如 YOLO、Faster R-CNN 等），因此这也是常用的标注方法。

5.3.1 “框+属性”工具介绍

“框 + 属性”是最常见的标注方式之一。此工具主要是从输入的图像中定位出目标人或物的具体位置及属性信息，如行人、车辆、餐具、交通标志、椅子、盆栽、窗户等。因为其目标定位准确，属性类别丰富、应用范围广，可覆盖的目标数量多，所以受到算法工程师的青睐。常见的“框 + 属性”标注工具覆盖行人框、车辆框、物体框等场景。本节介绍的“框 + 属性”标注工具是计算机视觉技术方面针对行人检测、物体检测进行深度研究的一个重要工具，非常适合在各种静态、动态检测的场景下使用。使用此工具可以帮助数据使用方准确锁定目标人或物在图像中的具体位置及其属性。

相比 5.2 节介绍的“属性标注”工具，“框 + 属性”工具能够在图片中把对应属性的物体框出来，从而精准地告诉计算机该物体所处的位置，这样就能让计算机在此基础上进一步了解物体的颜色、形状、大小等信息。因此，“框 + 属性”的应用场景经常被用于识别人体状态、建筑位置、家具摆放等。

登录旷视 Data++ 数据标注平台端后，在左侧的菜单栏中单击“标注工作”菜单栏中的“标注”选项，界面右侧即会显示可以进行标注的全部项目列表，找到需要标注的“框 + 属性”项目，然后单击该行最右侧的“开始标注”按钮，就可以进入工具的标注页面，如图 5-32 所示。

图5-32 “框+属性”工具标注界面

“框 + 属性”工具页面如图 5-33 所示，页面左侧为需要标注的图片。需要根据左侧图片的内容，把待标注的物体通过“拉框”的方式标注出来，使计算机可以准确了解物品所在位置，实现物品定位功能，同时在右侧的标注界面内对相应物体进行属性的标注。标注主要分为如下两个步骤。

（1）左侧页面操作：在左侧图片内，可以通过按住鼠标滚轮并拖动鼠标来拖动图片，并且可以通过上下滑动鼠标滚轮实现对图片的放大和缩小。“拉框”则是通过按住鼠标左键拖动鼠标实现的，拉动鼠标的同时改变框的范围和大小。另外，可以通过鼠标单击框体的边缘来选中这个框，对框的范围和大小进行调整。

（2）右侧页面操作：在右侧的标注界面内，可以用鼠标单击每个属性的图标，以此来选中这个框所对应的属性。

图5-33　“框+属性”标注工具

5.3.2　标注方法

属性标注的项目多种多样，本节会从 Objects365 数据集入手，以项目中起居室场景为依托介绍“框 + 属性”标注工具。

根据图片中的内容，利用十字辅助线对图中出现的需要标注的物体进行拉框，在浏览图片的时候按一定顺序浏览，从上到下或者从左到右，必须保证完整浏览整张图片，减少漏标的情况。或者按照属性到图片中找对应物体的方式标注，从而避免看到了物体但没意识到需要标注的情况。

知识拓展

十字辅助线

对于十字辅助线，在刚开始接触“框 + 属性”标注的时候，很多读者会碰见“拉出的框不贴边”的情况出现。对于这个问题，数据工程师设计了拉框的好帮手——辅助线。

首先确定要标注的物品，将辅助线放在与物品边缘贴合的地方，然后按住鼠标左键就可以一次性地将框拉好，如图 5-34 所示。

图5-34 十字辅助线

在实际的“框 + 属性”标注实操中，数据工程师已对常见属性整理成文档。目前，对于“框 + 属性”标注工具，均需要对 19 个属性进行拉框标注（图片中有该属性的物体就必须拉框标注），如图 5-35 所示。

床	枕头	床头柜	台灯	吊扇
窗户	空调	衣柜	衣架	风扇
沙发	茶几	椅子	凳子	办公桌
电脑	花瓶	盆栽	地毯	

图5-35 常见属性

为了提高“框 + 属性”标注的质量与效率，项目相关人员对相关物体制定了更为详尽的标注规范。

（1）床：无须区分床头与背景墙，只标注床身即可，如图 5-36 所示。

图5-36　床身

（2）枕头：抱枕属于枕头。

（3）床头柜：床头两侧的小柜子统称床头柜。

（4）台灯：在桌子或地面上的均为台灯。

（5）吊灯：将吊灯与吊绳整体标注；射灯、吸顶灯、壁灯不标注。

（6）窗户：落地窗的框架忽略，只标注玻璃部分，如图 5-37 所示。

- 窗户被窗帘遮挡，则框选到可以透过窗帘看到的窗户边缘处。
- 窗户中间被框架隔开标注一起，中间被墙体隔断分开标注。

图5-37　窗户

（7）衣柜：开门的衣柜不标注。

（8）花瓶、盆栽：只框选有植物的，同植物一起框选，装饰花篮不需要拉框。

（9）地毯：可见地面全是地毯的情况不标注，可以看见边界的地毯则标注。

数据标注工程师在刚接触“框＋属性”标注时，首先应熟读文档，牢记文档中所有需要标注的物体及对应属性。每个框都有对应的属性，需要在拉框结束后优先到右侧的属性标注界面选择其对应属性，以免出现遗漏。

在标注过程，如果遇到没有合适选项的物品，那么该组图片可以直接跳过；不要过度放大图片，应该适当缩小图片以观察多个物体叠在一起的情况，这样才会使单独的数据标注更准确。

5.3.3　标注难点

图片内物体繁多，容易出现漏标的情况；拉框的过程中容易出现框与物体间缝隙过大的问题。在实际标注中，很容易把多个距离很近的相同类型的物体标注成一个框，如图 5-38 所示。

图5-38　错标框

在“框＋属性”标注中，因为属性不熟悉或标注不仔细，会影响数据质量。数据标注工程们整理了如下易错点，可供初学者借鉴。

（1）椅子和凳子。

（2）椅子：餐桌或办公桌前有图 5-39 所示椅背弯曲的，优先选椅子。

（3）凳子：没有椅背。

（4）柜子柜体卡座、桌柜一体、桌边柜等多属性一体的情况，直接忽略不标注。

（5）镜面反射出的物体无效，不需要标注。

图5-39　椅子

（6）遮挡无须分开标注，整体框起来即可，如图 5-40 所示。

图5-40　遮挡标注效果

5.3.4 生活中的应用

“框 + 属性”工具在实际生活中主要应用在交通安全以及新型农业两个方面。

1. 交通安全——碰撞预警系统

在中驾驶过程中，安全尤为重要，可是驾驶员在车辆行驶途中有时会出现分神的情况，从而会给驾驶安全带来严重威胁。碰撞预警系统就是利用“框 + 属性”技术帮助驾驶员避免驾驶过程中出现分神等行为带来的隐藏威胁。

如图 5-41 所示，在汽车的行驶过程中，行车记录仪的摄像头对车辆前方的图像进行扫描，基于计算机视觉的图像算法，检测行驶车道上静态和动态的行人、车辆，提前预警，防止碰撞事故的发生。为此，交通预警尤为考验数据标注工程师识别物品属性的准确性。

图5-41 碰撞预警系统

近年以来，国内外发生过多起由于车辆自动化识别系统判断失误而造成的车祸。其中一起发生在 2016 年的美国佛罗里达，由于汽车雷达结合车辆视觉感知系统将前方行驶的白色卡车车厢误认为天上的白云，进而使车载智能系统判定其是一块悬在道路上方的路牌。驾驶人在无法及时调整驾驶车辆的情况下撞上车厢底部，造成驾驶人当场死亡。

由此可见，物品属性标注虽然仅为车辆智能体系中的一小环，但在整体运行中起着至关重要的作用。

2. 支付宝天筭安全实验室——辅助农业

支付宝天筭安全实验室在 2020 年 FGVC（Fine-Grained Visual Categorization，细粒度图像分类）全球挑战赛中的参赛项目是一个辅助农业的项目。该项目可以帮助很多非洲农民通过树叶的图片来分出几种不同类别的病害，通过模型来提升病害分类的准确率，从而减少乱用化学品和农药带来的经济损失。

5.3.5　小实验

"框 + 属性"标注与属性标注一样，有许多场景或者具体属性需要标注人员熟练掌握。然而，面对如此丰富的类别，有什么方法可以让标注人员快速记忆从而提升标注速度呢？这里为读者推荐导演记忆法。

导演记忆法指的是对需要记忆内容提取关键词，然后通过形象、生动的故事把关键词串联起来，帮助记忆。在进行"框 + 属性"标注时，可以先根据具体场景中出现的属性进行几个类别为一组的分类，分别记忆，最终整合。在本章中，我们用到了 Objects365 项目的起居室场景作为重点内容进行讲解，其中包含床、枕头、床头柜、台灯、吊扇等。在标注进行之前，我们可以先预想这样的场景：结束了一天的工作，我们洗漱后躺在床上，枕好枕头，打开床头柜上的台灯，慢慢阅读自己喜欢的图书，头顶上的吊扇在转动，直到我们昏昏睡去。

用这样的方式记忆所需要标注的物体，会让用户在实际标注过程中事半功倍，可以快速锁定自己要标注的物体并进行标注。当然，具体的故事情节因人而异，相信读者在创造故事的同时还会为自己的工作增添与众不同的乐趣。

除导演记忆法以外，读者还有什么其他记忆方式呢？

5.3.6　小结

本节重点介绍了"框 + 属性"标注概念、工具使用方法、相关难点，以及在日常生活中的应用。"框 + 属性"标注工具利用拉框的方式准确定位物体，配合计算机算法进一步识别物体类型，常被应用于交通安全、农业等领域。在使用"框 + 属性"标注工具时，应关注图中所有可标注的物体及其属性，记住文中提到的属性的对应标注方法，重点关注图中边缘处的残缺物体、重叠或相邻放置的物体，避免出现错误标注。

地摊经济，是人类最原始也是最有生命力的商业活动之一，它繁荣了经济市场，弥补了老百姓购物的一个空白点。然而，地摊经济也同样需要合理合法的管理，在进一步加强规范城市管理的同时，因地制宜地释放“地摊经济”的最大活力。在此前提之下，使用“多边形＋属性”标注工具进行识别的算法就派上了大用场。有了如今的 AI 治理，大家此前担心的与地摊经济繁荣相关的一系列如环境污染、违规摆摊、交通阻塞、社会治安等问题，都会得到合理有效的解决。

5.4 多边形＋属性

多边形标注是对于精细的目标像素级别的识别常用的标注技术，即针对目标仅靠边缘的关键点进行标注，从而形成覆盖目标的多边形标注结果，可根据应用的需求调整边界标注的精细程度，这种方法可以提供目标像素级别的位置信息，也可以通过外接矩形的形式得到目标的矩形标注框用于普通物体检测训练流程中。

5.4.1 多边形＋属性工具介绍

本节介绍的工具为“多边形＋属性”标注工具。相比之前介绍的“框＋属性”标注工具,“多边形＋属性”把之前固定方向、固定形状的框改为由多个自由点自动连成线所构成的框。在框的方向和形状上，大大提升了自由度，使得框可以更加贴合物体，减少了之前经常遇到的“框内有大面积背景”的情况，常被用于城市管理、车牌检测等。

登录旷视 Data++ 数据标注平台后，如图 5-42 所示，可以在左侧的菜单栏中单击“标注”选项，然后界面右侧会显示可以进行标注的项目列表，找到需要标注的“多边形＋属性”项目，利用鼠标单击该行最右侧的“开始标注”按钮就可以进入工具的标注页面。

进入“多边形＋属性”工作页面后，工具页面如图 5-43 所示，页面左侧为需要标注的图片。根据左侧图片的内容，标注工程师把需要标注的物体通过“多边形标框”的方式标注出来，同时在右侧的标注界面内对相应物体进行属性标注。

“多边形＋属性”工具的操作与“框＋属性”工具操作界面类似，即左侧图片界面，右侧为属性界面。与“框＋属性”工具的区别在于，在左侧图片界面的操作中，不再以拉框的方式进行框选，而是以标点的形式，通过旷视 Data++ 数据标注平台预设算法来实现点与点之间的自动连线后，系统生成封闭多边形的形式来完成的。该工具具体操作方法有以下两个步骤。

反馈

标注工作
标注
检查
抽查
我的工作量
我的工作量(新
试标任务
标注文档
工作管理
任务池管理
成员工作量
工作量统计(新
被验收驳回
成员管理
成员管理
小组管理
邀请注册

刷新

工作流ID	工作流名称	任务池名称	标注类型	待标注数量	标注中数量	其他	操作
	一人所属照片清洗	一人所属照片清洗	识别 - 一人所属照片清洗	4	0	0	开始标注
	人体骨骼点	人体骨骼点	通用工具 - 点+属性	508	0	0	开始标注
	人脸8点	r人脸8点	检测 - 人脸8点	324	0	0	开始标注
	精细抠图	精细抠图	精细分割标注	85	0	0	开始标注
	3D Pose	人脸3D Pose	属性 - 人脸3D朝向	341	1	0	继续标注
	视频人脸8点	视频人脸8点	跟踪 - 视频人脸8点	2	0	0	开始标注
	多边形+属性	多边形+属性	通用工具 - 多边形+属性	195	0	0	开始标注
	属性标注	属性标注	通用工具 - 属性标注	116	0	0	开始标注
	手部关键点	手部关键点21点	通用工具 - 点+属性	3	0	0	开始标注
	框+属性	框+属性	通用工具 - 框+属性	145	0	0	开始标注

共18条 < 1 2 >

图5-42 “多边形+属性”工具界面

图5-43 “多边形+属性”标注工具

（1）标注多边形：“多边形标框”通过在左侧图片中单击鼠标左键在图片上标注出一个“点”，然后移动鼠标再次单击鼠标左键，这时图上第二个出现的“点”会自动与第一个“点”形成连线，在目标完全被标注后，最终单击初始位置的点使整个多边形闭合，框住目标物体。当然，还可以通过鼠标左键单击框体的边缘来选中框，查看框的编号和属性。与“框＋属性”一样，在左侧图片中，标注工程师可以通过按住鼠标滚轮并拖动鼠标来拖动图片，并且可以通过上下滑动鼠标滚轮实现对图片的放大和缩小。

（2）属性标注：在右侧的标注界面内，鼠标单击每个属性的图标，以此来选中这个框所对应的属性。

此外，为了方便多边形属性标注，还可以使用旷视 Data++ 数据标注平台上设置的下列两种常用快捷键。

（1）D 键（删除上一个点位）：删除当前多边形中标注的上一个点位。

（2）Tab 键（闭合多边形）：快速闭合当前标注的多边形。

在使用上述两个点位之后，可以更为快速且有效地对“多边形 + 属性”进行标注。

5.4.2　标注标准

由于“多边形 + 属性”工具主要应用在城市小广告管理、地摊治理等目标形状不明确的场景，因此本节的介绍会以小广告治理的内容为标注标准。

本次标注内容需要首先明确区分纸质小广告、海报小广告、图章小广告与喷涂小广告 4 种广告类型。具体需要标法的小广告样式与种类下文会有说明。在标注的过程中，需要牢记待标注广告有额外载体作为依托并且可被观测辨认，载体可以以多种形式呈现，常见的如墙壁、门框、电线杆、人行道地面等。

在待标注目标确认后，根据图片中目标的内容对图中所有符合标注要求的广告进行多边形框的标注。在浏览图片时，适当放大图片，尤其注意一些字迹模糊或者颜色与载体相近的广告，减少漏标的情况。

在标框的时候，标注的多边形不需要完全贴合物体边缘，但需要保证多边形包含物体所有的凸顶点，避免出现部分物体漏在多边形外的情况。同一大类的广告在相距较近的情况下可以合并标成一个大框，无须每个广告单独标注。标注完成后，需要对每个多边形标注对应的属性。

（1）需要标注各种出现在墙体、地面、电线杆、门、树木、橱窗等需要有额外载体作为依托可被观测辨认的广告。广告的具体分类为以下 4 种。

- 纸质小广告：如图 5-44 所示，单张面积小。纸质小广告通常出现在室外，如墙面上或者电线杆上，由于形状较为规则，因此单一纸质小广告标注时通常 4 ～ 5 个点便可以框住，标注过程较为简单。
- 海报小广告：如图 5-45 所示，面积很大，通常为彩色且有塑胶镀膜。海报小广告在室内或室外都会出现，如室内外的墙面或者玻璃上，由于形状相对规则，因此单一海报小广告标注时通常使用 4 ～ 5 个点就可以完成，但因为海报小广告相比纸质小广告的面积会大很多，点与点之间的间距会相对较长，在放大图片的基础之上可能无法将图片完整展示，需要多次移动图片来达到完整标注的目的。因此，标注时间通常会长于纸质小广告标注。

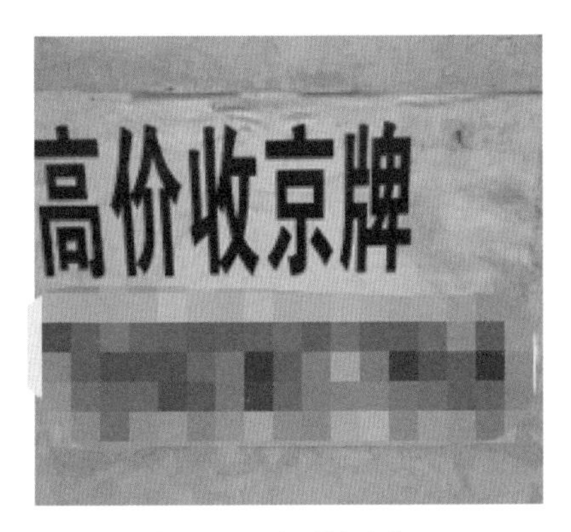

图5-44　纸质小广告

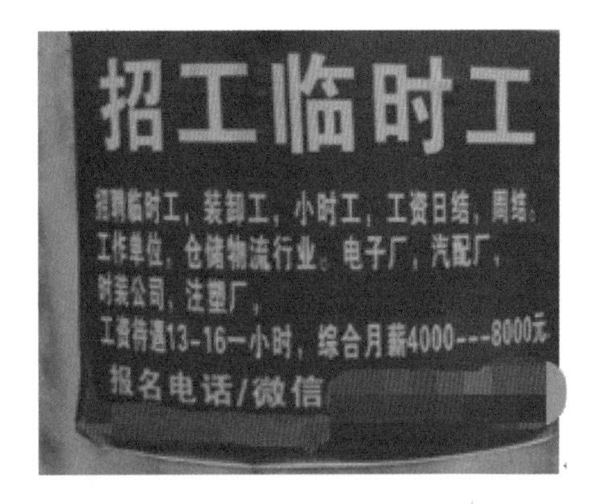

图5-45　海报小广告

- 图章小广告：如图 5-46 所示，形状规则，颜色单一，多数情况下可以看到周围有矩形框。图章小广告通常出现在室内，如墙面或者扶梯上，由于形状较为规则且大小相对较小，因此单一图章小广告标注时通常使用 4 ~ 5 个点就可以框住，标注过程较为简单。
- 喷涂小广告：如图 5-47 所示，形状大小不规则，为人工手写，字迹潦草。喷涂类小广告通常出现在室外，如墙面或者施工围挡上。由于喷涂小广告的形状不规则并且大小也不统一，因此在标注时需要先观察整个广告的整体形状，然后保证整体形状的每一个拐点上都标有多边形的点位，这样就可以保证标注结果完整且尽可能排除额外的背景信息。因此，喷涂小广告在标注的时候，点的数量是不固定的，需要根据每个广告的具体情况而定。因此，喷涂小广告也是 4 种类型的小广告中最难标注的一种。

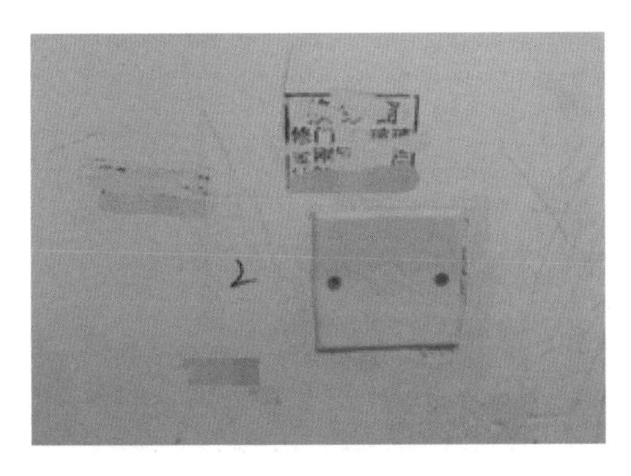

图5-46　图章小广告

图5-47　喷涂小广告

（2）在标注过程中，以下 3 种情况无须标注。

- 打马赛克的情况如图 5-48 所示。
- 未处于张贴状态的小广告，如图 5-49 所示。
- 涂鸦墙面、壁画等不属于小广告范围，无须标注，如图 5-50 所示。

图5-48　马赛克

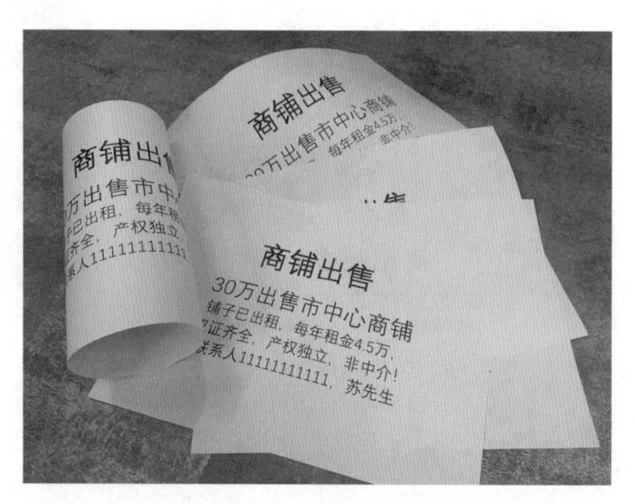

图5-49　未张贴广告

图5-50　涂鸦墙面

知识拓展

蒙版

蒙版在读者比较熟悉的 Photoshop 中非常常用，在数据标注工具中也是一个常规操作，在图像标注领域尤为常见。进行蒙版标注会对所选区域进行保护，让其免于操作，而对非掩盖的地方进行应用操作。在计算机视觉图像标注的过程中，在被标注目标在距离过远或像素过低等情况下，导致内容无法被看清并无法进行正常的数据标注，则需要进行蒙版操作，对所选区域进行保护处理。

蒙版操作在后续介绍的人脸 8 点、视频人脸 8 点等标注工具会再次被提及。在算法层面，各个标注工具进行蒙版操作的作用大同小异，但是蒙版标注的规则是不同的，读者还需要仔细阅读每个工具具体的蒙版标注规则，以免犯错。

（3）因为距离或者广告本身的原因导致无法看清广告内容的情况需要按键盘上的 T 键，然后通过按住鼠标左键拉框的方式标注“蒙版”。蒙版的颜色为深灰色，如图 5-51 所示。

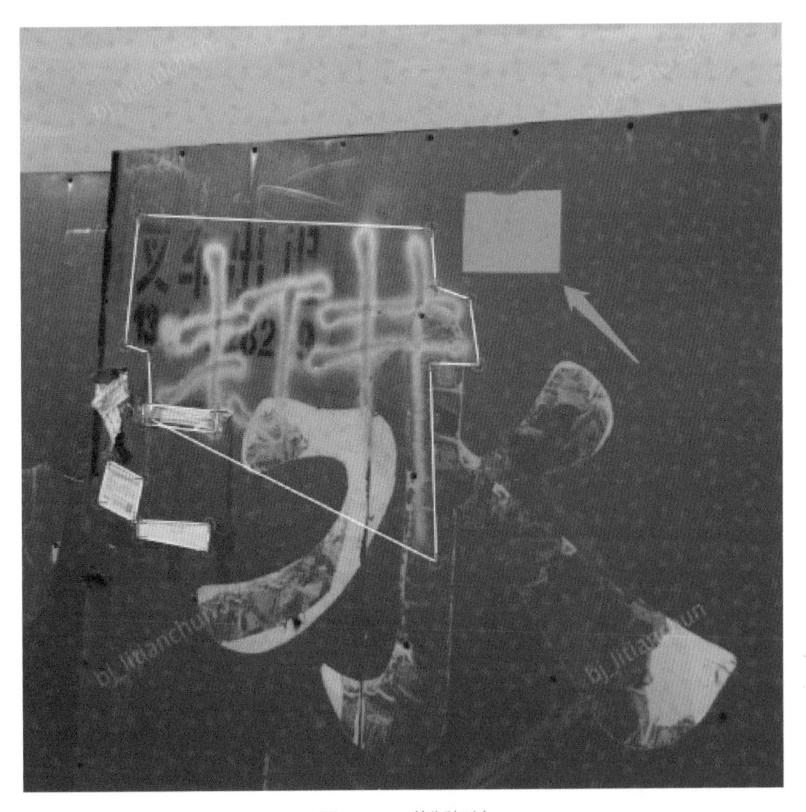

图5-51　蒙版标注

5.4.3　标注难点

（1）广告位置不集中，导致有一些位置“偏僻”的广告容易漏标，如图 5-52 所示。

图5-52　广告位置不集中

（2）广告重叠时，可能会包含纸质小广告加图章小广告的情况。在这种情况下，标注工程师容易将两种类型的广告进行重复区域标注。因此，标注工程师需要将两种类型的广告定义好分界线，本着减少重复区域的原则，进行区别标注，如图 5-53 所示。

图5-53　广告重叠

（3）正规合法广告会被误标，如图 5-54 所示。

图5-54　合法广告

【思考与讨论】

“多边形 + 属性”的功能与“框 + 属性”的功能类似，同时可以满足物体形状不规则情形下的标框需求，听起来是可以覆盖到更多场景，并满足更多物体标注需求的工具，可是，为什么在面对庞大数据集时，还是会优先选用“框 + 属性”工具而非“多边形 + 属性”工具呢?

5.4.4 “多边形 + 属性”工具在生活中的应用

现如今的生活中，市容市貌愈发受到人们的重视，居民都希望生活的城市能够整洁美丽，为此城管执法人员付出了很多努力，然而依然会有违法经营状况的出现。本小节介绍的“多边形 + 属性”技术就可以有效地帮助执法人员对整个辖区进行全面管控。

图 5-55 所示是城管监控系统的监控探头拍摄到的画面，可以通过“多边形 + 属性”技术令计算机对监控画面进行检测，识别图中是否有违法经营或者生活垃圾乱堆乱放的情况。

相比传统的“边界标注技术”，“多边形 + 属性”技术及其核心算法能够有效提高识别图像中违法 / 违规问题的准确率，因此，以“多边形 + 属性”工具为前提所生产的产品受到了城市管理人员的青睐。

图5-55 “多边形+属性”标注工具

旷视的“万象”产品正是基于“多边形 + 属性”为核心算法所设计的。该产品涵盖城市管理领域市容环境、宣传广告、施工管理、街面秩序、市政设施 5 大类 15 小类城市管理违法 / 违规问题，不但可以自动识别各类城市管理违法 / 违规问题，而且可以准确识别违法 / 违规问题中涉及的各类物品、车辆等。

在“地摊经济”快速发展、科学规划、逐步规范的过程中，“万象”产品能够为城市管理者准确提供各个经营摊点的物品种类和占比数据，利用“多边形 + 属性”技术识别抓拍非规定区域经营、非规定时间经营、非规定物品经营，保障城市管理者对“地摊经营”科学规划，保障“地摊经营”有序开展。

“万象”产品的正式发布，将开启旷视从公共安全领域向城市治理领域迈进的步伐。除识别各类城市管理违法 / 违规问题外，还将继续发挥旷视人脸识别、视频结构化等核心技术优势，对违法人员、车辆等违法主体进行识别，辅助城市管理部门进行非现场执法。

“万象”V1.0 已经在多地部署试用，陆续开始为城市管理者提供先进的人工智能服务。

5.4.5　小结

本节重点介绍了“多边形 + 属性”标注工具概念、工具使用方法、相关难点，以及在日常生活中的应用。“多边形 + 属性”标注工具利用多边形标框的方式，更加精确地标注出了物体所在的位置及物体的轮廓外形，配合计算机算法进一步识别物体类型，常应用于城管执法、交通安全等行业。在使用“多边形 + 属性”标注工具时，应关注图中所有可标注的物体及其属性，记住文中所提到的属性的对应标注方法。相比“框 + 属性”工具，“多边形 + 属性”在边缘贴合程度上的要求不如前者要求高，但需要重点关注物体是否被完整标注，避免出现错误标注。

参考资料

[1] X 技术 . 监控场景下基于 ResNet-50 的行人属性识别方法与流程 [EB/OL].

[2] 张宪民，陈忠. 机械工程概论 [M]. 武汉：华中科技大学出版社，2011.

第6章

检测标注工具

2016年德国汉诺威举办的IT展览会上，马云向外界展示的支付宝“刷脸”支付方式，引起了人们对人脸识别技术的热议。

人脸识别技术用于将生物特征数字化，它利用人体固有的、具有唯一性的先天生物生理特征（像人脸、指纹、掌纹等），以及后天形成的行为习惯（如笔迹、键盘操作行为、操作手机的触屏行为），甚至握手机的姿势等来进行身份鉴定。

人物特征数字化技术中的面部检测问题，可以使用人脸8点标注工具来进行解决。通过标注工程师对采集的人脸图片进行8个点位的标注，将其存储到固定的数据库中，当用户进行身份识别时，计算机首先对拍摄的图像进行扫描，并通过人脸8点技术检测图像中是否存在人脸，如果存在人脸，然后利用公私钥加密和签名策略把人脸信息/特征上传到人脸识别服务器进行比对，最终把比对结果返回给客户端并验证。

近年来，人脸识别应用发展迅速。加之生物特征固有的属性不容易被仿制、盗用，使人脸识别的安全性大大提高。另外，生物识别的认证技术避免了繁杂的密码设置，操作过程很简单。

6.1 人脸8点

人脸关键点检测是人脸识别和分析应用领域中的关键环节，它是实现自动人脸识别、表情分析、三维人脸重建、三维动画等与人脸相关的检测的前提和突破口。近些年来，因为自动学习及持续学习能力的提升，深度学习已被成功应用到图像识别与分析、语音识别、自然语言处理等众多领域，实现了突破性进展。

6.1.1 人脸关键点检测定义

人脸关键点检测是在指定的人脸图像上，定位出人脸面部的关键区域的位置，包括眉毛、眼睛、鼻子、嘴巴、脸部轮廓等。虽然人脸的结构是确定的，由眉毛、眼睛、鼻子和嘴等器官组成，但由于人的姿态和表情的变化，不同人的脸部外观有差异，以及光照和其他物品对脸遮挡的影响，准确地检测在各种条件下采集的人脸图像是一个富有挑战性的任务。人脸特征点定位的目的是在人脸检测的基础上，进一步确定脸部特征点（眼睛、眉毛、鼻子、嘴巴、脸部外轮廓）的位置。结合人脸的纹理特征和各个特征点之间的位置约束，使用定位算法检测人脸关键点。经典算法有 Active Shape Model（ASM）和 Active Appearance Model（AAM）。人脸8点是人脸关键点检测中最普遍、最简单的一种数据标注工具。

知识拓展

ASM 是一种基于点分布模型（Point Distribution Model，PDM）的算法。在 PDM 中，外形相似的物体（例如人脸、人手、心脏、肺部等的几何形状），可以通过若干关键特征点（landmark）的坐标依次串联成的一个形状向量来表示。本章就以人脸为例简单呈现该算法的基本原理和计算方法。

AAM 算法是对 ASM 进行改进后产生的。AAM 算法不仅采用形状约束，而且加入整个脸部区域的纹理特征，即 Appreance = Shape + Texture。AAM 的建立主要分为两个阶段——模型建立阶段和模型匹配阶段。其中模型建立阶段包括了对训练样本分别建立形状模型（shape model）和纹理模型（texture model），然后将两个模型进行结合，形成 AAM。模型匹配阶段是指在视频序列中使用已建立好的 AAM 在当前帧图像中寻找最匹配的目标的过程。

数据标注工程师通过对图片中的人脸标注8个重要点，让计算机通过算法轻松检测到人脸，逐步做到人脸识别、情感分析等。

6.1.2　人脸8点工具介绍

登录旷视 Data++ 数据标注平台标注端后，在左侧的菜单栏中单击“标注”，界面右侧会显示出我们可以进行标注的项目列表，找到我们需要标注的“人脸8点”项目，单击该行最右侧的“开始标注”按钮（见图6-1），就可以进入工具的标注页面。

在旷视 Data++ 数据标注平台上进行人脸8点标注，人脸8点标注工具的界面如图6-2所示。界面左边是数据标注工程师需要标注的对象，根据标注需求进行人脸8点标注；右上角是进行数据标注时需要查看的相关帮助，这涉及一些快捷键的使用，使用这些快捷键可以帮助标注工程师提高标注效率；右下角则是标注该数据可用的时间，以及功能按钮，如数据的提交、跳过、重标、提问、保存等通过单击这些按钮实现。

反馈

标注工作
标注
检查
抽查
我的工作量
我的工作量(新
试标任务
标注文档
工作管理
任务池管理
成员工作量
工作量统计(新
被验收数目
成员管理
成员管理
小组管理

刷新

工作流ID	工作流名称	任务池名称	标注类型	待标注数量	标注中数量	其他	操作
[illegible]	一人所属照片清洗	一人所属照片清洗	识别 - 一人所属照片清洗	4	0	0	开始标注
[illegible]	人体骨骼点	人体骨骼点	通用工具 - 点+属性	508	0	0	开始标注
[illegible]	人脸8点	人脸8点	检测 - 人脸8点	324	0	0	开始标注
[illegible]	精细抠图	精细抠图	精细分割标注	85	0	0	开始标注
[illegible]	3D Pose	人脸3D Pose	属性 - 人脸3D朝向	341	1	0	继续标注
[illegible]	视频人脸8点	视频人脸8点	跟踪 - 视频人脸8点	2	0	0	开始标注
[illegible]	多边形+属性	多边形+属性	通用工具 - 多边形+属性	195	0	0	开始标注
[illegible]	属性标注	属性标注	通用工具 - 属性标注	116	0	0	开始标注
[illegible]	手部关键点	手部关键点21点	通用工具 - 点+属性	3	0	0	开始标注
[illegible]	框+属性	框+属性	通用工具 - 框+属性	145	0	0	开始标注

共 18 条 ‹ 1 2 ›

图6-1　找到“人脸8点”项目并单击“开始标注”按钮

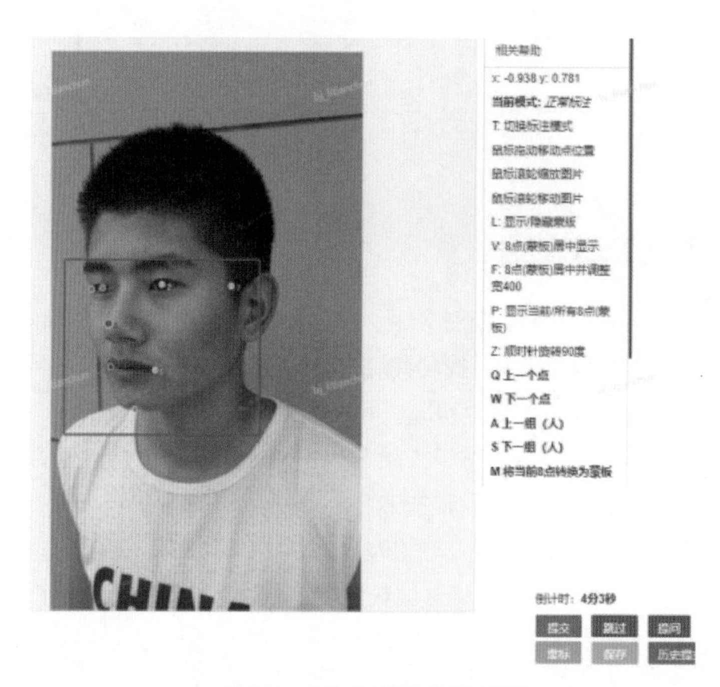

图6-2　人脸8点标注工具的界面

6.1.3 标注方法

数据标注工程师拿到图像后，首先应该判断图像中是否有可标注的人脸对象。对于可进行人脸标注的图像，要依次按左右瞳孔、鼻尖、左右嘴角、左右眼角连线与脸部轮廓边缘的交点、下巴最低点的顺序进行标注，如图 6-3 所示。

- 第 1、2 点：左右瞳孔。
- 第 3 点：鼻尖。
- 第 4、5 点：左右嘴角。
- 第 6、7 点：左右眼角连线与脸部轮廓边缘的交点。
- 第 8 点：下巴最低点。

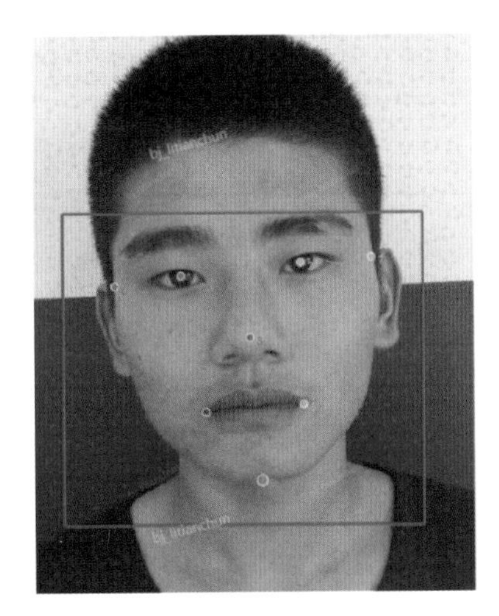

图6-3　人脸8点标注顺序

图片中脸部上若有截断、戴口罩、戴脸基尼等，要按照具体图像情况进行合理推测并标注。对非真人、脸部没有露出的图像不进行标注。对于脸部轮廓很模糊、侧脸角度超过 90° 或戴面具遮挡整个脸部的情形，推荐用蒙版对脸部进行标注，如图 6-4 所示。

蒙版区域上到眉毛，下到下巴，左右到脸部轮廓边缘。

蒙版标注方法一如下。

（1）按 T 键切换框模式为蒙版模式。

（2）移动光标至待蒙版人脸的左上角，按住鼠标左键将光标拖曳到待蒙版人脸的右下角，松开鼠标左键即可。

蒙版标注方法二如下。

（1）在脸部合理区域（上到眉毛，下到下巴，左右到脸部轮廓边缘）内单击 8 个点。

图6-4　蒙版标注

（2）按 M 键把标注好的 8 个点自动转换成蒙版。

使用键盘上的 Q 键、W 键可以直接在人脸图像上进行上下点位切换，以快速检查所标注的 8 个点，检查所标注点位顺序是否正确，以及位置是否精确。ALT+F 快捷键用于快速提交标注的图片数据。

人脸 8 点标注工具的快捷键见图 6-5。

快捷键	T	L	Q\W	A\S	M	R	Esc
对应功能	切换蒙版	显示/隐藏蒙版	切换到上一个/下一个点	切换到上一组/下一组的8个点	把8个点转换为蒙版	删除8个点	删除当前选中点

图6-5　人脸 8 点标注工具的快捷键

6.1.4　标注难点

虽然人脸的结构是可以确定的，由眉毛、眼睛、鼻子和嘴等部位组成，但是，由于采集照片时人体姿态、表情、外观差异、光照、遮挡等对脸部的影响，对受影响的图片进行准确标注是一件相对困难的事情。在人脸图片上标注点距离人脸上实际的点超过 6 像素时，标注的图片不准确，这类标注数据作废。人脸 8 点标注中常见的难点如下。

1. 瞳孔

瞳孔是人眼睛内虹膜中心的小圆孔，为光线进入眼睛的通道。标注工程师在用人脸 8 点工具标注人脸图片上的左右眼睛时，要放大图片，观察眼睛部位。如果可以看见瞳孔的图片，标注在瞳孔中心；若看不见瞳孔，但能看见眼球的图片，标注在眼球正中间；若只能看见眼睛形状、轮廓的图片，标注在眼睛的正中间；对于闭眼的图片，标注在眼缝的正中间，但是不能标注在眼皮上。标注后的效果分别如图 6-6、图 6-7 和图 6-8 所示。

图6-6　瞳孔标注效果

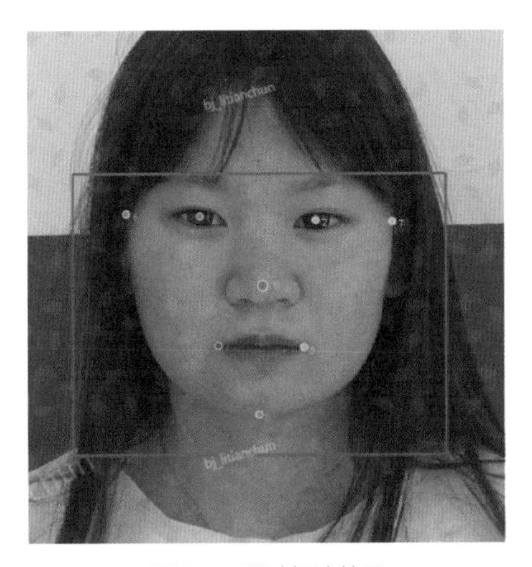

图6-7　眼球标注效果

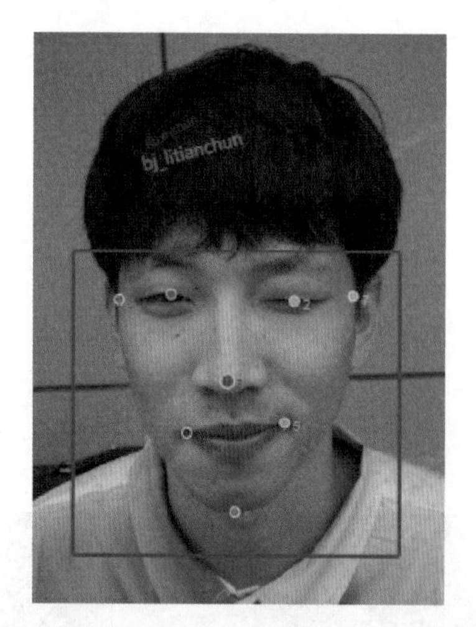

图6-8　眼缝标注效果

2. 轮廓的确定

第 6、7 点是左右眼角连线与脸部轮廓边缘的交点。当人脸图片为正脸时，第 6、7 点标在脸部轮廓的最边缘。第 1、2、6、7 点处于一条线上，如图 6-9 所示；当人做低头、仰头姿势时，第 6、7 点的位置会发生变化。所以需要我们根据情况确定脸部轮廓和左右眼角连线，脸部轮廓要以发际线边缘为准，不要靠近耳朵，而左右眼角的连线则是通过两只眼睛的外角的连线，这里不是两点之间取直线，而是要根据人脸曲面弧度进行合理推测。低头、仰头标注效果。如图 6-10 所示。最后标注工程师可以通过推测，补充一条连接双眼及外眼角延长线的弧线，根据与一条发际线边缘的弧线的交点确定第 6、7 点的位置。

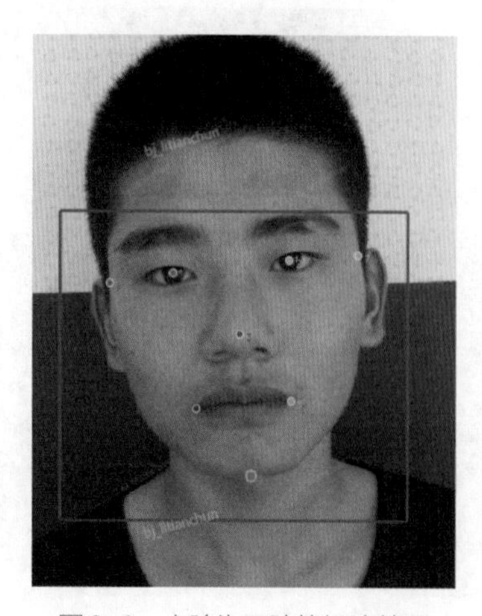

图6-9　人脸为正脸的标注效果

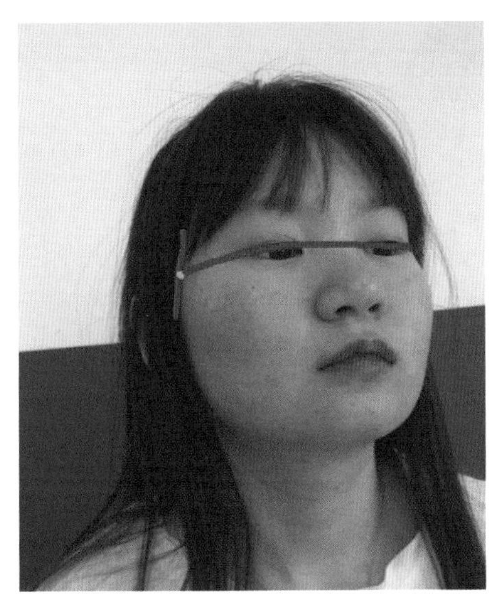

图6-10　低头、仰头标注效果

3. 头部姿态对第 6、7 点标注的影响

低头时，标注的第 6、7 点高于第 1、2 点，如图 6-11 所示。

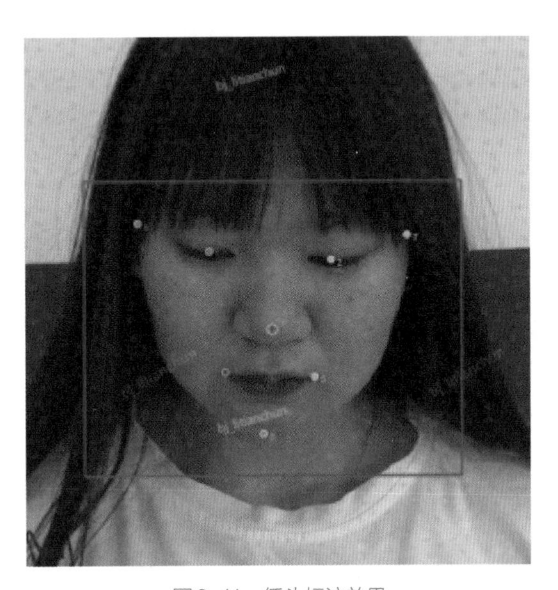

图6-11　低头标注效果

仰头时，标注的第 6、7 点低于第 1、2 点，如图 6-12 所示。

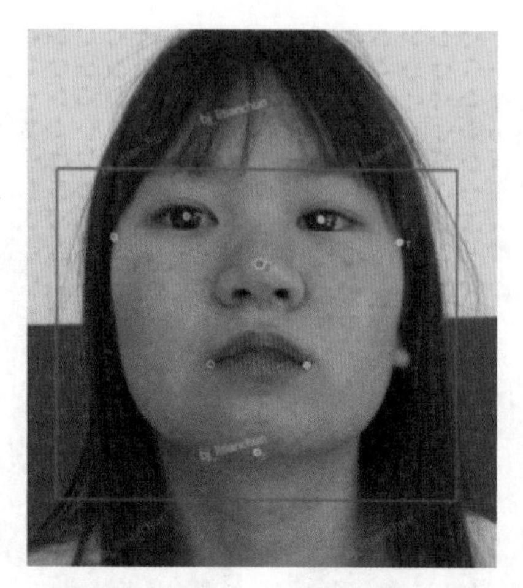

图6-12　仰头标注效果

4. 眼镜折射对第6、7点的影响

对于人脸戴有眼镜的图片，在标注之前首先判断是否是平面镜、眼镜是否发生折射情形。如果戴的平面镜，则未发生折射现象，按照正常人脸的轮廓进行标注；否则，找到脸部正确的轮廓，如图 6-13 所示，将第 6、7 点标注在脸部的正确位置上即可。

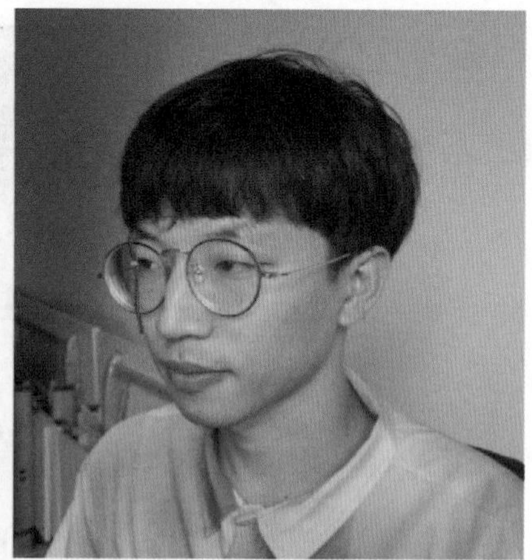

图6-13　找到脸部正确的轮廓

5. 侧脸

如果脸部是侧脸，且侧脸的部分被遮挡，要标注在人脸可见轮廓的边缘，并且标注点必须紧贴脸部轮廓边缘，点位不能出现悬空；对于完全侧脸 90° 的图片，第 1 点可以标注在鼻梁上，

第 6 点紧挨第 1 点，第 6 点和第 1 点错开一些距离且不能悬空，第 1 点和第 6 点的位置关系是第 6 点相比第 1 点更靠近人脸的外侧。第 2 点和第 7 点在这种状态下的位置关系同上，第 7 点应比第 2 点更靠近人脸的外侧。侧脸标注效果如图 6-14 所示。

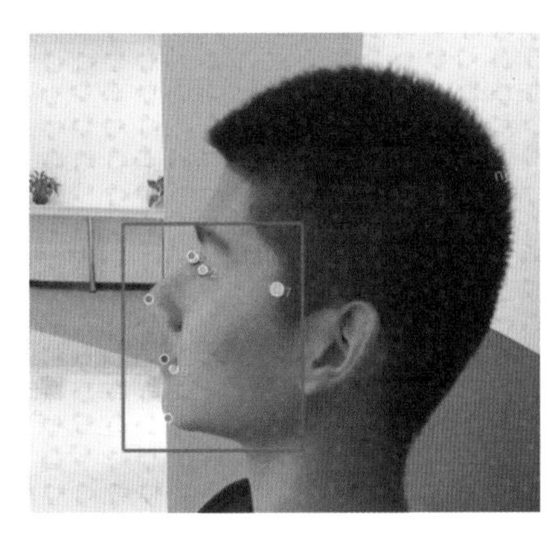
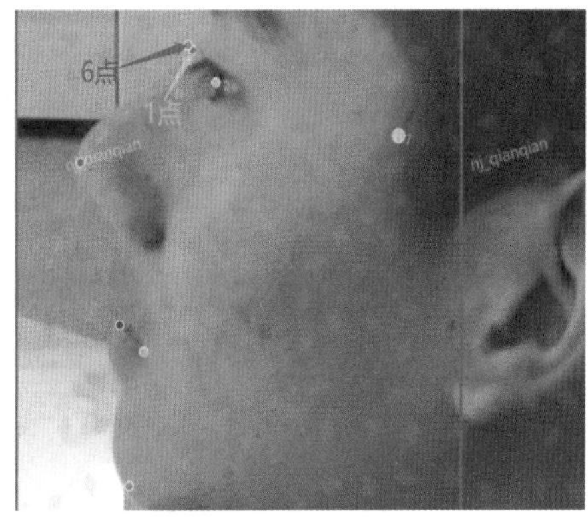

图6-14　侧脸标注效果

6. 推测性标注

对于脸部截断或者戴口罩、戴脸基尼的人脸图片，选择推测性标注，根据人脸图片的情况合理推断每个点位。

- 脸部截断：已知五官位置，按照符合人脸结构和比例的逻辑，对脸部截断图片进行合理的推测性标注，推断标注的效果如图 6-15 所示。

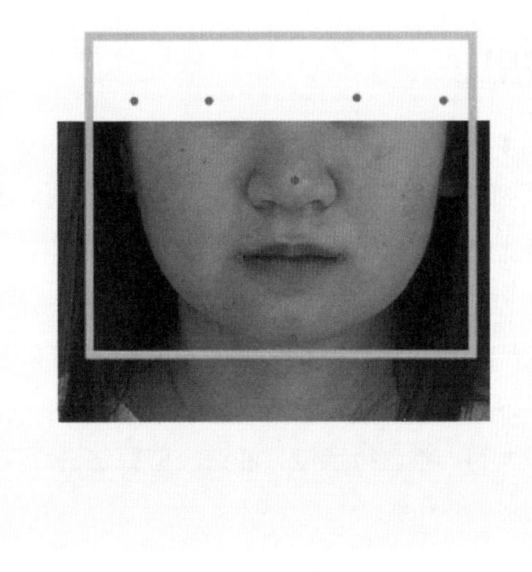

图6-15　推断标注的效果

- 戴口罩。人脸部虽被口罩遮挡，但仍然可以根据五官位置以及人脸结构、实际的比例进行合理的推测性标注，标注效果如图 6-16 所示。

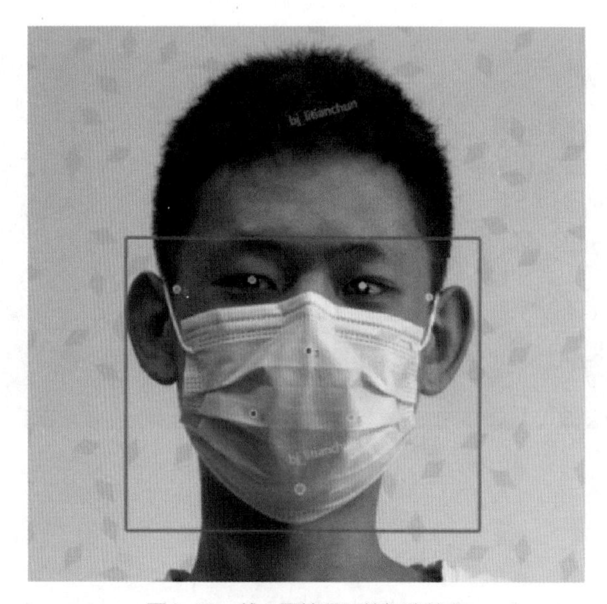

图6-16 戴口罩情况下的标注效果

- 脸基尼。戴脸基尼的人脸图片在标注中属于特例。与戴面具不同的是，由于在佩戴脸基尼的人物图片中可以看到目标人物的眼睛、鼻子与嘴，五官轮廓位置仍然可辨别，对人脸遮挡部分需要根据五官位置及人脸结构、比例合理地推测性标注。

6.1.5 生活中的应用

现如今，随着智能手机的普及，手机里的相机功能也愈加强大。相机从最初对人物的脸部进行识别对焦，发展到能够对面部进行美化、对所拍摄的相同人物照片进行归类成册，这些功能的实现都源于脸部关键点的应用。

图 6-17 展示了我们常见的相机内人物框。我们在拍照时视野近处的人脸会出现人脸框，这个就是根据人脸 8 点实现的人物对焦，以确保照片具有较高的清晰度。

除了对焦之外，智能手机中的相机最重要的功能之一就是美颜。如图 6-18 所示，相机通过关键点标注对图中区域最大的人脸进行定位，通过一些算法进而实现美颜功能。

图6-17　相机内人物框

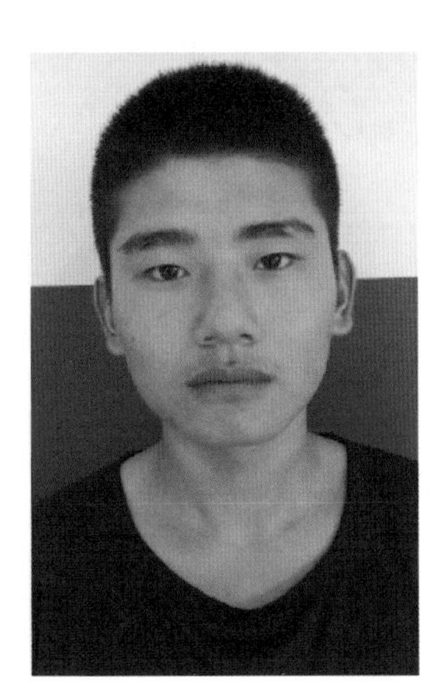

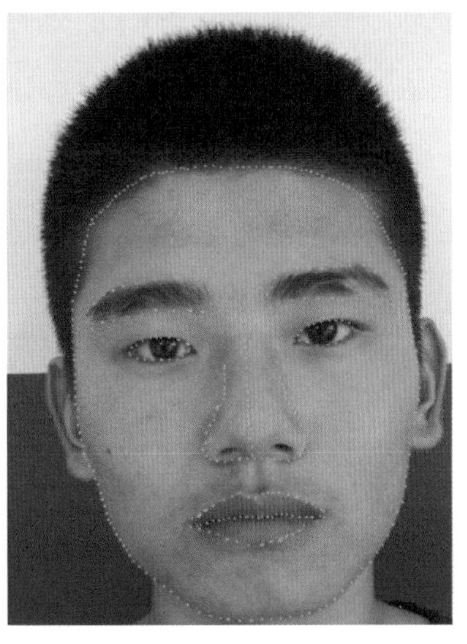

图6-18　相机美颜之前的人脸定位

【思考与讨论】

为什么在拍照片时，相机能直接检测到戴口罩的人脸（见图 6-19），而检测不到远处模糊的人脸呢？

图6-19 近处戴口罩的人脸检测效果

6.1.6 小实验

在标注人脸 8 点图片时，是首先将脸部图片整体放大到整个屏幕，然后由整体到部分地进行关键点标注比较高效，还是对关键点逐一进行放大、标注比较高效呢？

6.1.7 人脸8点工具现状及展望

人脸 8 点检测是一个非常适合初学者学习和练习的标注工具。相对于其他检测类工具来说，人脸 8 点标注的点数少、点位易记忆、不涉及属性判断，点位也较明确，操作的过程简单。在机器识别的过程中，检测也属于计算机识别的基础环节。是看似简单的基础环节却恰恰是计算机认识世界必不可少的步骤，因此，在进行人脸 8 点工具标注时一定不要因工具简单而掉以轻心。

虽然标注的规则与工具看起来简单易学，但是在实际标注操作中，由于图片数据中人物数量多、数据采集非高清、面部呈现角度不规则等，会让标注工程师产生“略窥门径，不知别有洞天”的挫败感。因此，为了可以更好地进行人脸 8 点标注，建议读者一定要对第 3、6、7、8 个点位进行准确的掌握，同时对蒙版标注的具体情况有精确的了解，再配合一点点必要的空间想象能力以实现高效精准的标注工作。从算法利用的角度来说，由于人脸可能出现在图像的任意位置，人脸检测算法利用滑动窗口（sliding window）技术，按照从上到下或从左到右的顺序对图像进行全面的人脸搜索，然后调整图像的大小比例来搜索不同大小的人脸，通常在扫描一张图片的时候这两步是同时进行的，因此检测过程耗时较多。

在人脸面部上做关键点标注的工具非常常见，除人脸 8 点工具外，比较主流的还有人脸 68 点工具、人脸 108 点工具，甚至人脸 1000 点工具等。这些工具并非完全由人工来进行标注，通常算法工程师会借助算法来完成大数量关键点标注。同时，用贝塞尔曲线以点类的方式对面部进行轮廓、眉毛、唇部勾勒标注也非常广泛地应用在医学美容等行业。当然，点类标注在计算机视觉识别领域还有许多其他应用，这一点会在后面的章节中讲解，在此就不一一赘述了。

6.1.8　小结

人脸关键点检测是人脸识别任务中重要的基础环节，人脸关键点精确检测对科研和应用具有关键作用，如人工智能应用中实现的人脸姿态矫正、姿态识别、表情识别、疲劳监测、嘴型识别等。因此，如何获取高精度人脸关键点，一直以来都是计算机视觉、模式识别、图像处理等领域研究的热点。本节重点介绍了人脸关键点检测中人脸 8 点标注工具的定义、使用方法、难点，同时讨论了人脸 8 点在相机方面的广泛运用。相机的聚焦美颜都源于人脸 8 点工具的应用。人脸 8 点工具的使用需要重点掌握，特别是当脸部变化的角度不同时，8 个点的具体标注位置应相应调整。希望通过本节的学习，大家能够对人脸 8 点工具有全新的认识，也能对人工智能行业有新的认识和感受。

2018年12月22日，抖音新版本上线的“尬舞机”功能成功登顶App Store的免费下载榜。用户在选定背景音乐之后，屏幕里伴随着音乐会不断出现不同图形，用户需要及时摆出对应的动作，通过手机摄像头将拍摄到的人物动作传输到计算机，计算机根据相应的算法检测人体骨骼的重要点位，判断用户的动作和预设动作是否匹配，从而计算最终得分。想要检测到图像中所包含人体的各个关键点的位置，实现从用户姿态到目标姿态的准确匹配，需要解决两个难题：一是受衣服变化、物体遮挡的影响，人体形变的范围比较大；二是实现精准检测，需要耗费高昂的计算资源，无法在手机端实现日常场景应用。所以为解决这两个问题，抖音采用了人体骨骼关键点方案，通过标注工程师对人体重要关节点位标注并选择相对应的属性，当用户在使用抖音时，系统能够优先检测出关节点，进而判断每一个关节点属于哪个人。这样与传统的自顶向下方案相比极大地减少了计算量，同时大幅提升了准确率，使在骨骼各关键点基础上使用的App可以更好地迎合用户的喜好。

6.2 人体骨骼点

人体骨骼关键点对于描述人体姿态、预测人体行为至关重要。因此，人体骨骼关键点检测是诸多计算机视觉实现一些任务的基础，例如动作分类、异常行为检测以及自动驾驶等。近年来，随着深度学习技术的发展，人体骨骼关键点检测效果不断提升，已经开始广泛应用于计算机视觉的相关领域。

6.2.1 人体骨骼点14点定义

人体骨骼关键点检测，主要通过检测人体头部、四肢等关键点来描述人体骨骼信息。人体骨骼点14点标注工具是对人体重点部位进行点位标注并选择相应属性的数据标注工具。具体点位如图6-20所示。

人体骨骼点14点分别如下所示。

- 第1点：头顶的中心，人体最高点。
- 第2点：脖子的中心点。
- 第3点：左手腕的中心点。
- 第4点：左胳膊肘的中心点。

- 第 5 点：左肩中心点。
- 第 6 点：右手腕的中心点。
- 第 7 点：右胳膊肘的中心点。
- 第 8 点：右肩中心点。
- 第 9 点：左臀中心点。
- 第 10 点：左腿膝关节中心点。
- 第 11 点：左脚脚踝中心点。
- 第 12 点：右臀中心点。
- 第 13 点：右腿膝关节中心点。
- 第 14 点：右脚脚踝中心点。

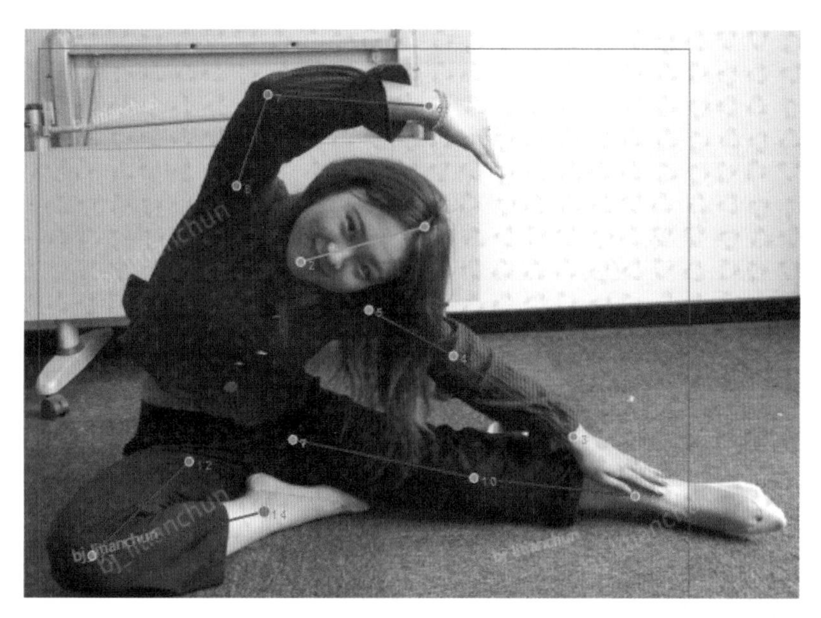

图6-20　骨骼关键点标注中的具体点位

6.2.2　人体骨骼点工具介绍

在登录旷视 Data++ 数据标注平台标注端（见图 6-21）后，在左侧的菜单栏中单击“标注”一项，界面右侧会显示出我们可以进行标注的项目列表，找到我们需要标注的“骨骼关键点”项目，单击该行最右侧的“开始标注”按钮就可以进入工具的标注页面。

在旷视 Data++ 数据标注平台中可以进行骨骼关键点标注，骨骼关键点标注工具的界面如图6-22所示。界面左边是数据标注工程师需要标注的标注对象，要根据标注需求对标注对象进行 14 个关键点位标注。在界面右侧“点属性”处为每个点位选择相对应的属性。右上角是进行数据标注时可以获取的相关帮助（涉及一些快捷按钮的使用），以帮助标注工程师提高标注效率。右下角则是该数据标注的可用时间，还有功能按钮，包括数据的提交、跳过、重标、提问、保存等，通过单击这些按钮实现相应的功能。

反馈

标注工作
标注
检查
抽查
我的工作量
我的工作量(新
试标任务
标注文档
工作管理
任务池管理
成员工作量
工作量统计(新
被驳收权回
成员管理
成员管理
小组管理
邀请注册

刷新

工作流ID	工作流名称	任务池名称	标注类型	待标注数量	标注中数量	其他	操作
	一人所属照片清洗	一人所属照片清洗	识别 - 一人所属照片清洗	4	0	0	开始标注
	人体骨骼点	人体骨骼点	通用工具 - 点+属性	508	0	0	开始标注
	人脸8点	r人脸8点	检测 - 人脸8点	324	0	0	开始标注
	精细抠图	精细抠图	精细分割标注	85	0	0	开始标注
	3D Pose	人脸3D Pose	属性 - 人脸3D朝向	341	1	0	继续标注
	视频人脸8点	视频人脸8点	跟踪 - 视频人脸8点	2	0	0	开始标注
	多边形+属性	多边形+属性	通用工具 - 多边形+属性	195	0	0	开始标注
	属性标注	属性标注	通用工具 - 属性标注	116	0	0	开始标注
	手部关键点	手部关键点21点	通用工具 - 点+属性	3	0	0	开始标注
	框+属性	框+属性	通用工具 - 框+属性	145	0	0	开始标注

共 18 条　<　1　2　>

图6-21　旷视Data++数据标注平台标注端

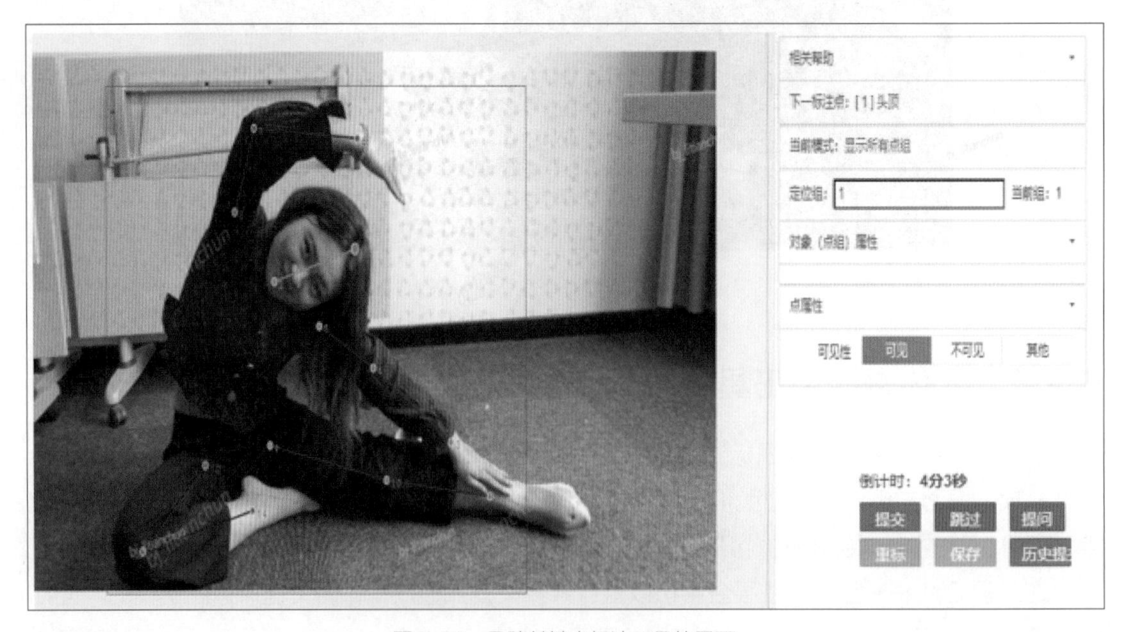

图6-22　骨骼关键点标注工具的界面

6.2.3 标注方法

在标注骨骼关键点时，要按照 14 个具体的点顺序地进行标注，此过程类似于“庖丁解牛”，需要标注工程师在看到人体图像后，脑海里生成每一个对应骨骼关键点的画面，并使用工具进行正确的标注。当然，整个过程也要如庖丁一样，经过反复实践，并掌握骨骼走向的客观规律，才可以得心应手地运用此工具进行骨骼关键点标注。

标注 14 个骨骼关键点时需按一定的方向和顺序，先左后右，顺序不能错。这与前文提到的人脸 8 点镜像朝向标注不同，标注骨骼关键点时无论图像中的人物朝向，都要以真实人物左右方向进行标注。

在标注手臂时要按照从下往上的顺序，即以手腕、胳膊肘、肩部为顺序进行依次标注。与之相反，标注腿部时按照从上往下的顺序，即依次标注臀部、膝关节、脚踝。骨骼关键点标注工具界面右边有“相关帮助”选项，在这个选项的下一列可以看到点位提示，如图 6-22 所示。

点位标注完成后要选择相对应的属性，按 Q 键、W 键进行点位切换，在“点属性”下面选择“可见”或“不可见”。

- 可见：待标注点的部位可以准确看见或者可以通过已可见的图片中骨骼的部位对待标注部位进行明确判断。
- 不可见：图片有遮挡 / 图片截断等原因导致待标点部位模糊，点位无法确认，只能猜测点位位置。在标注不可见的点位时，用想象或推测该骨骼关键点部位，然后在其中心部位标注即可。

注意，在任何情况下都不需要选择“其他”属性。

下面会对可见与不可见的通用情况进行说明。

（1）在图 6-23 所示，小孩的左手腕虽然被衣物遮挡，但是该点是可以推断出来的，所以对于左手腕来说，它的“可见性”设置为“可见”。

（2）如图 6-24 所示，图像中人物右侧的大腿和小腿部分被严重遮挡，无法准确确定右膝的中心点，只能靠猜测，因此该点的“可见性”设置为“不可见”。

骨骼关键点工具的快捷键如图 6-25 所示。

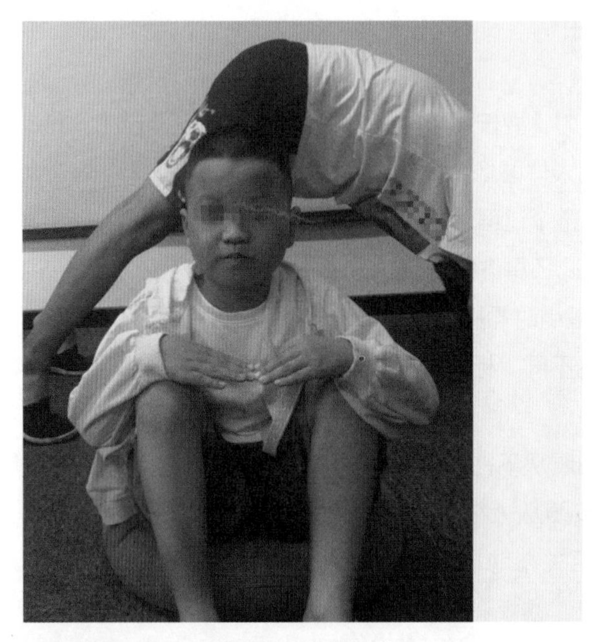

图6-23 点位提示

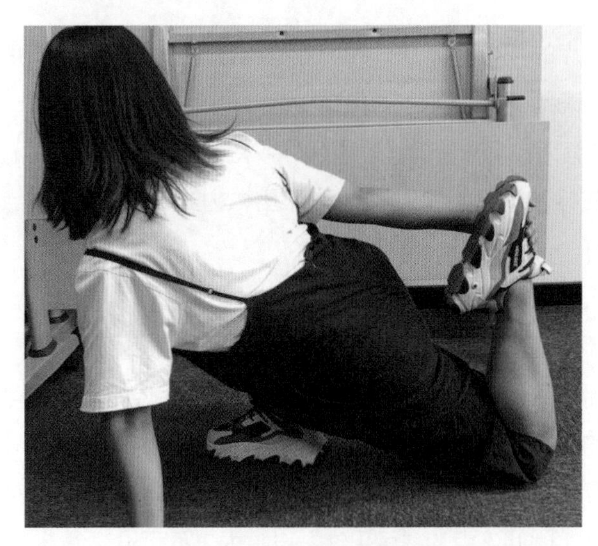

图6-24 右膝中心点的“可见性”设置为“不可见”

快捷键	Q/W	ESC	D	G	ALT+↑/↓
对应功能	切换到上一个/下一个点	删除最后一个点	删除全部点	显示/隐藏最后一个点	增加/减少图片亮度

图6-25 骨骼关键点工具的快捷键

6.2.4　标注难点

1. 标注顺序

标注骨骼关键点的左右顺序是实际人体的左右，而不是人体照片的左右，与我们上面所讲的 8 点人脸镜像标注不同，进行标注操作时容易混淆左右顺序。

2. 属性的判断

知识拓展

在进行骨骼关键点标注时，对比之前的人脸 8 点标注，需要增加点位的可见与不可见属性的判断。为什么要增加点位可见性标注呢？因为对于不可见点，数据标注工程师标注的结果会有天然误差，一些点位的可见与否的判断标准相对主观。为了不过多地对算法造成影响，在模型训练时算法工程师会使用一些策略来应对这些不可见的关键点。

例如，由于不可见点位的天然误差比较大，因此在算法配置中可以调低不可见点的训练权重，在保证不可见点比可见点权重小的前提之下进行算法训练，以确保在不可见点存在的情况下算法仍可以在误差可接受范围内执行。

点位属性判断在骨骼关键点、手部关键点、托盘关键点等工具中都有着广泛的应用。

在标注骨骼关键点的过程中，由于人体本身姿势变化较多，因此在判断标注点的可见与不可见的属性情形时比较容易产生歧义。为此，本书总结了标注过程中 3 种常见的场景，详细解读了在下列状况下，判定为可见属性与不可见属性的条件。

- 人物腿部被部分遮挡，但可以根据人物姿态及可见的大腿部分判断膝盖处关键点的位置，所以对于这个部位的关键点，把“可见性”设置为“可见”。脚踝部分被完全遮挡，无法准确判断其位置，标注时需要对其进行合理推测，把“可见性”设置为“不可见”，如图 6-26 所示。
- 人物裙摆过大，对身体部位有遮挡，臀部的点需要推测标注，把“可见性”设置为“不可见”。若裙摆遮挡膝盖，对膝盖上的点也要进行推测标注，把“可见性”设置为“不可见”，如图 6-27 所示。
- 手肘上的点虽被脚遮挡住，但我们可以通过大臂和小臂的交接处来判断出该点的位置，所以把“可见性”设置为“可见”，如图 6-28 所示。

图6-26 脚踝部分的点不可见

图6-27 膝盖上的点不可见

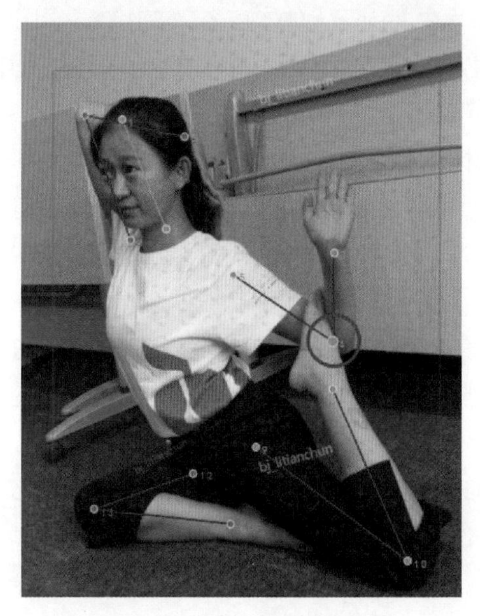

图6-28 手肘上点的位置可判断

当然，实际操作过程中由于人物姿势比列举出的姿势还要丰富，因此，希望读者可以本着点位清晰可见以及点位存在遮挡但能通过其他部位推断出来，它的属性即为可见；如果该点位完全依靠猜测得出来的，则该点位的属性即为可推断的原则，具体情况具体分析，进行正确标注。

6.2.5　生活中的应用

1. 家庭服务机器人

机器人运用骨骼关键点工具来观察人类的行为并做出预警，可以代替人工来完成许多家庭服务工作，包括防盗监控、安全检查、病况监护等工作。这一类的服务常应用于特殊人群（如老人、小孩、孕妇）的姿态分析。

2. 体育健身

根据人体关键点信息，可以分析运动员的姿态、运动的轨迹、角度是否符合标准，判断他的骨骼是否健康或者存在伤痛带来的错位等，从而制定更好的训练措施，帮助运动员提升锻炼效果。运动标注效果如图 6-29 所示。

图6-29　运动标注效果

3. 新零售

顾客站在镜子面前时，智能试衣镜会自动识别试衣人的脸和身材，根据人体关键点，针对顾客的身型推荐各种各样的款式，使顾客能够在几分钟之内就试上百件衣服。

4. 娱乐互动

当顾客在做动作的时候，AR 机器人 [见图 6-30（a）与（b）] 也能够做出相应的动作。这时依据骨骼关键点信息，机器人能够根据玩家的身体姿势去判断、了解玩家的意图并且给出准确的回应，这在娱乐设施上增加了顾客互动，提升了用户体验。

（a）

（b）

图6-30　AR机器人

【思考与讨论】

在人体骨骼关键点标注中，左右臀中心点一直是两个较难确定的点位。和四肢关节或者头部颈部不同，胯骨的位置较隐蔽，因此会让很多初次接触标注项目的读者一筹莫展。为了进一步精确定位，在标注正面人物的第 9 点与第 12 点时可以尝试使用“三角形定位法”。

当第 9 点、第 12 点无法确定其点位时，可采用三角形画法。通过两边腰胯处到裆部的连线可以形成一个三角形，然后取两条边的中点（图 6-31 绿点位处）得到第 9 点和第 12 点的位置。

通过辅助线协助标注点位会在很多数据标注工具中被广泛使用。在点类标注中由于对点位精确度的要求，寻找到适合自己的辅助线显得至关重要。除了三角形画法外，还有什么更好的方法来标注点位呢?

图6-31　三角形画法

6.2.6 人体骨骼点工具现状及未来展望

目前常用的人体骨骼关键点检测算法主要分为自上而下（top-down）和自下而上（bottom-up）两种。自上而下的人体骨骼关键点检测主要包含目标检测和单人骨骼点检测。对于单人骨骼点检测，不同的关键点位的检测难易程度不同，臀部、腿部等点位的检测难度较高，而头部、颈部的检测难度相对较低。这与数据标注时的重难点也是相符的。因为胯骨点位在不同条件下的详细位置确认较困难，因此臀部关键点是标注时的重中之重。不仅如此，计算机视觉对 2D 人体和 3D 人体的感知程度不同，因此 3D 视觉上的缩短效果对人体骨骼关键点检测也会造成严重影响。

自下而上的人体骨骼关键点检测同样包含两个主要部分——关键点检测和关键点类聚。与自上而下的关键点检测不同，自下而上的检测需要将图片中全部类别的关键点检测出来，再对其进行聚类处理，从而检测出不同的人体。由于自下而上的关键点检测算法没有显示人体的空间关系，而只是建模了局部的空间关系，因此检测效果不如自上而下的人体骨骼关键点检测检测算法。

由于人体是一个复杂多变的结构，任何一个部位的微小变化都会产生一种新的姿态，加之人体的柔软性，使得人类可以实现的姿势众多，这些因素都提高了标注人体骨骼关键点位的难度。同时与人脸 8 点标注不同的是，人体骨骼关键点还受到衣着、配饰、视角、环境等可以遮挡人体骨骼点位的因素影响，会产生不可见、可见属性。在进行属性标注的时候，需要采用丰富的想象力，对标注目标所处的环境进行情景重现。

在此建议在进行人体骨骼点的属性标注时，对于难以想象的点位属性，可以进行两人一组的真实动作模拟，一人摆出图中人物姿势，另一人通过观察实际人物姿势进行点位标注，眼见为实，方便判断。此外，目前的人体骨骼点检测技术可以帮助计算机视觉实现动作的识别，但是距离动作的规范性等属性识别还任重而道远。因此，建议标注工程可以未雨绸缪，对动作识别可以发展的方向提前储备知识。

6.2.7 小结

本节重点介绍了人体骨骼关键点标注工具的概念、使用方法、难点以及在日常生活中的应用。骨骼 14 点标注工具并不是镜像标注，而是要根据人体实际左右顺序进行标注，需要在标注时运用三维空间想象力确定中心点位。除此之外，还要明确可见和不可见属性，在实际标准操作中需要重点留意。人工智能利用骨骼关键点能够做到行为识别、动作分类以及异常行为等动作检测，这些应用遍布我们生活的很多方面。我们每个人要不断学习、创新，掌握人工智能的一系列工具，为建设更美好的人工智能时代做出自己的贡献。

为了能够感知手部形状和手部运动的能力，改善各个技术领域和平台的用户体验，2019年6月，谷歌在CVPR大会上展示了一种用于手部感知的方法。

MediaPipe是一个开源的跨平台框架，通过机器学习，使计算机从单帧图像中推断出其中手部的21个3D关键点，从而实现高保真度的手部和手指追踪。MediaPipe由两个子图组成，一个用于手部检测，一个用于手部关键点计算。

通过对整个图像中的手部进行检测，手部界标模型可对检测到的手部区域内的21个3D关节坐标进行精确关键点定位。这个模型可以学习一致，固有的手姿势，并且能够稳定支持部分可见和自我遮挡情形的手部。为了更好地覆盖可能的手势并对手部几何形状的性质提供额外监督，谷歌在各种背景下渲染高质量的合成手部模型，将其映射到相应的3D坐标。

谷歌通过运用机器学习替代手掌检测器，节省了大量的计算时间，扩大了能够可靠检测的手势量，并支持动态手势展开，使这项手部识别技术变得更加强大。

6.3　手部关键点

手部关键点检测的目的是通过手部坐标信息，来定位手部的21个主要关键点，包括手腕、各指尖以及各节指骨连接处，然后检测图像中的所有手部并识别相应的手部姿势。从而得到每个关节点的坐标信息。生活中骨骼关键点的应用主要集中在短视频中的手部特效、智能家电的手势操控等方面。

6.3.1　手部关键点21点定义

手部关键点工具是对手部21个关键点位进行标注，并选择相应属性的数据标注工具。每只手上有21个关键点，它们是手部关节或手指末端的中心，需要标注的是手部三维状态下的各中心点，而不是二维状态下手部各部位的平面点。手部关键点标注样式如图6-32所示。手部关键点骨骼透视图如图6-33所示。

手部21点的定义如下。

以右手为例，手部的21点分别如下。

- 第0点：手腕的中心点。
- 第1点：右手掌骨处。
- 第2点：右手大拇指掌指关节。
- 第3点：右手大拇指指间关节。
- 第4点：右手大拇指指尖。

- 第 5 点：右手食指掌指关节。
- 第 6 点：右手食指第一指间关节。
- 第 7 点：右手食指第二指间关节。
- 第 8 点：右手食指指尖。
- 第 9 点：右手中指掌指关节。
- 第 10 点：右手中指第一指间关节。
- 第 11 点：右手中指第二指间关节。
- 第 12 点：右手中指指尖。
- 第 13 点：右手无名指掌指关节。
- 第 14 点：右手无名指第一指间关节。
- 第 15 点：右手无名指第二指间关节。
- 第 16 点：右手无名指指尖。
- 第 17 点：右手小指掌指关节。
- 第 18 点：右手小指第一指间关节。
- 第 19 点：右手小指第二指间关节。
- 第 20 点：右手小指指尖。

图6-32　手部关键点标注样式

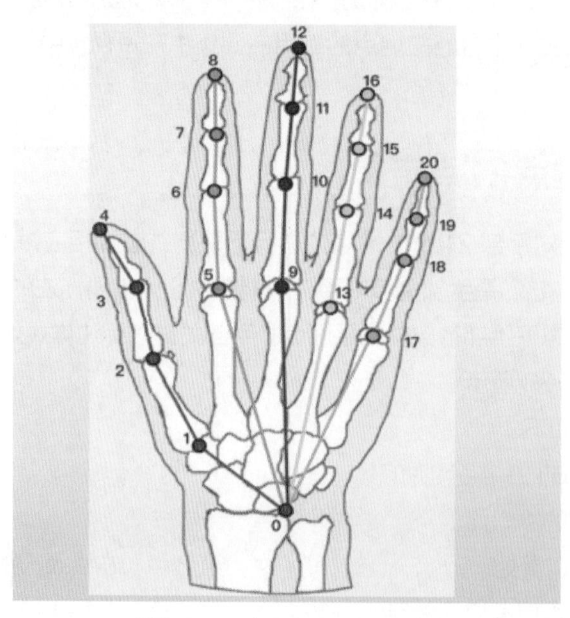

图6-33　手部关键点骨骼透视图

6.3.2 手部关键点标注工具介绍

在登录旷视 Data++ 数据标注平台标注端后，在左侧的菜单栏中单击“标注”，界面右侧会显示出我们可以进行标注的项目列表，找到我们需要标注的“手部关键点”项目，单击该行最右侧的“开始标注”按钮（见图 6-34），就可以进入工具的标注页面。

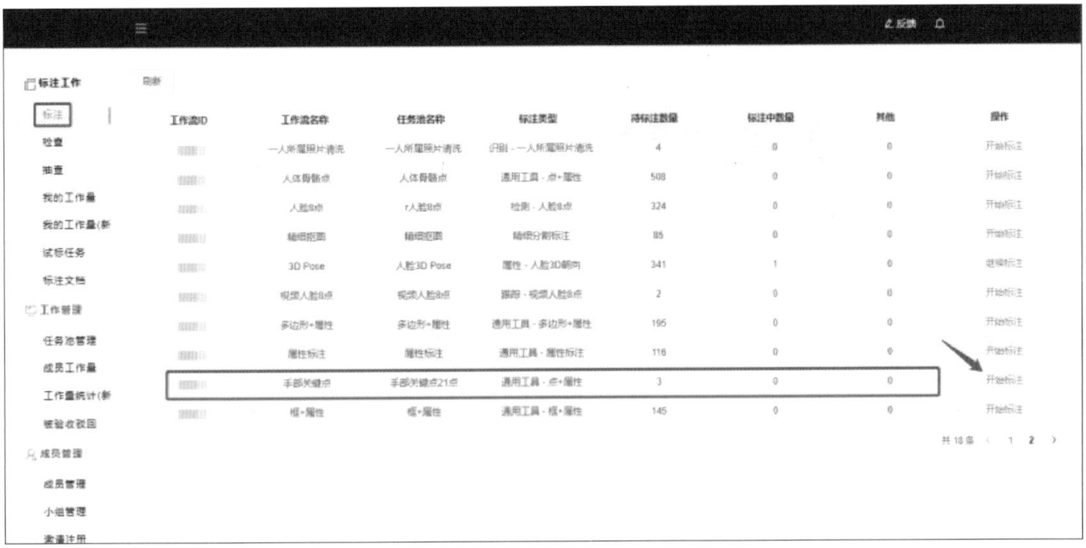

图6-34　找到“手部关键点”项目并单击“开始标注”按钮

在旷视 Data++ 数据标注平台中，可以使用手部关键点标注工具，工具的界面如图 6-35 所示。界面左边是数据标注工程师需要标注的对象，要根据标注需求对标注对象（图片）中的所有手部进行 21 个关键点标注。这 21 个点位都是中心点（把关节想象成球状，标注的点位在球心处），需要标注工程师有三维空间想象能力，以及满足该工具对标注点要求的高精确度，标注工程师在标注时可以通过滑动鼠标滚轮对图片进行放大或缩小以方便精确标注。标注完成后在右侧“点属性”处对每个点位选择相对应的属性，同时还要对标注的手选择相应的“左”“右”属性。在标注界面的右上角是进行数据标注时需要的相关帮助，涉及一些快捷键和按钮的使用，它们可以帮助标注工程师提高标注效率；而右下角则是该数据标注的可用时间，以及功能按钮，数据的提交、跳过、重标、提问、保存等可通过单击这些按钮实现。

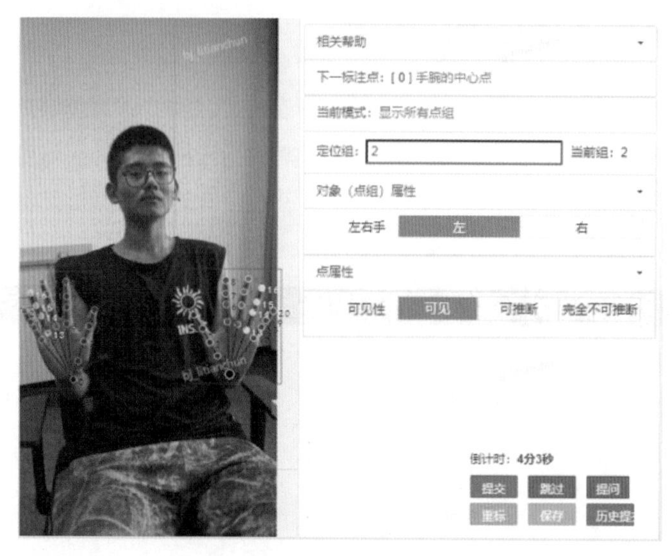

图6-35 手部关键点标注工具的界面

6.3.3 标注方法

在实际标注工作中，数据标注工程师要先判断图片中是否有需要标注的人手，然后按照标注需求对图片中的所有手部进行 21 个关键点标注（注意，标注的点位均为中心点），图片中模糊或者手部交叉的不标注。

按照手部 21 个点的顺序标注完每个点后，要对每个点位选择相对应的属性，按 A、S 键进行左右手切换，并选择“左”“右”属性，按 Q 键、W 键进行上下点切换，并设置“可见性”。

下面介绍“可见性”中的 3 个选项。

- 可见，在标注的图片中，若手部的关键点可以清晰确认（见图 6-36），把“点属性”设置为“可见。”
- 可推断，指标注的图片中，手部的关键点被遮挡，但可以推测判断手部的关键点大概位置，在实际标注中，标注的点允许在合理的范围内有偏差，如图6-37所示，绿色的点对应的是第 13 点的位置，属于不可见但是可以推断的情况，可以通过第 9 点、手部姿态等推测第 13 点的位置，所以第 13 点的属性设置为“可推断”。
- 完全不可推断，指标注的图片中、手部的关键点被遮挡且无法判断手部的关键点的位置，这些点属于完全不可推断的关键点，在标注时应合理推测，且这样标注的点不影响可见点的标注。如图 6-38 所示，对于第 4 点，指尖的长度以及弯曲的幅度不具有唯一性，只能靠猜测，所以该点是完全不可见且无法推断的点。

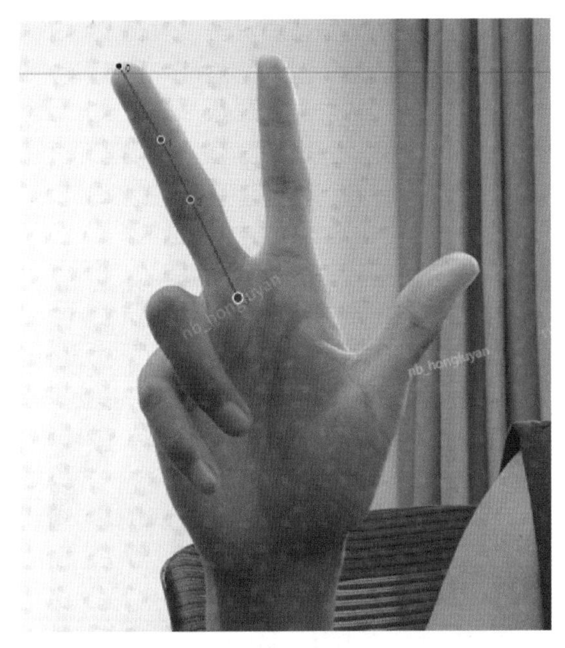

图6-36　手部的关键点可以清晰确认

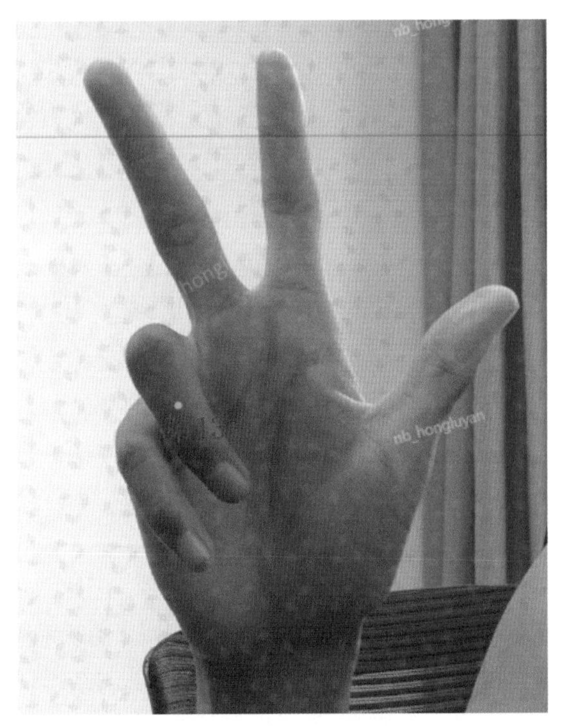

图6-37　绿色的点不可见但可以推断

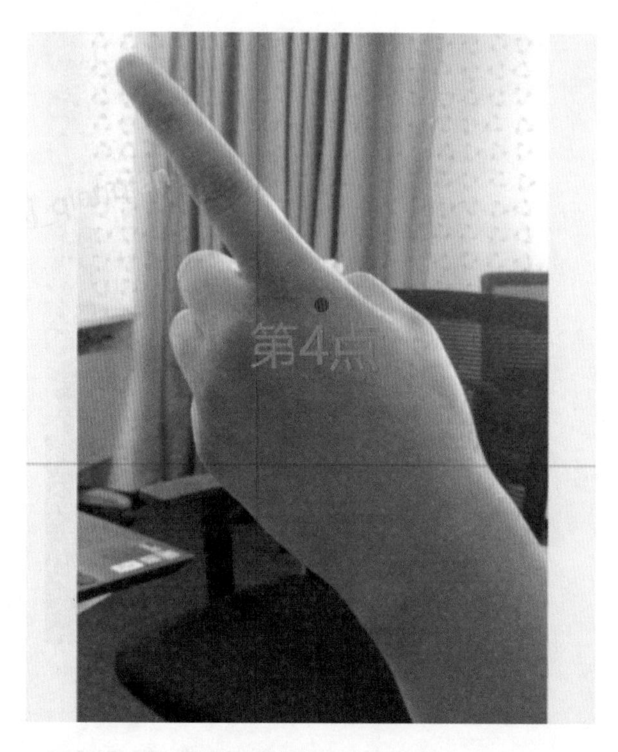

图6-38　完全不可推断的点

在数据标注实操中，为了提高标注效率，对于一些特殊情况，在标注手部关键点时，可根据自身的手部骨骼点推测进行标注，同时灵活使用快捷键。

手部关键点标注工具的快捷键如图 6-39 所示。

快捷键	A/S	Q/W	Esc	D	X	G	Alt+↑/↓
对应功能	切换到上一组/下一组	切换到上一个点/下一个点	删除最后一个点	删除全部点	显示/隐藏点	显示/隐藏提示框	增加/减少图片亮度

图6-39　手部关键点标注工具的快捷键

6.3.4　标注难点

在进行手部关键点标注时，由于需要记忆的关键点较多，因此需要记住点的顺序与位置是手部关键点标注的难点所在。另外，同骨骼关键点标注相似，由于采集的图片中手部的姿势较多，因此，在手部的关键点被遮挡的情况下判断可见、可推断与完全不可推断等也是该工具使用上的难点之一。针对上述难点，总结起来有 4 个方面需要特别注意。

1. 标注顺序

对于手部关键点，从大拇指到小拇挨个按照从关节到指尖的顺序进行标注。对于手部关键点和人体骨骼关键点，标注的都是中心点，但在点的位置和顺序上有很大区别。手部关键点以手作为目标物进行标注，其三维中心点是可见手截面的中心位置。

2. 第 0 点位置的确定

图片中手腕在正面时，第 0 点处在腕横纹的中心位置，如同图 6-40 所示。 当标注的图片中手腕显示的角度翻转时，我们要合理推测第 0 点的位置，如图 6-41 所示，图片中的手腕被手掌遮挡，第 0 点的位置要通过三维空间想象力确定，它所在的中心点要穿透手掌，所以该点标注在手掌上，“可见性”设置为“可推断”。同理，如图 6-42 所示手腕被衣物遮挡，第 0 点的位置需要判断，且无法直接标注在手腕上，所以“可见性”也设置为“可推断”。

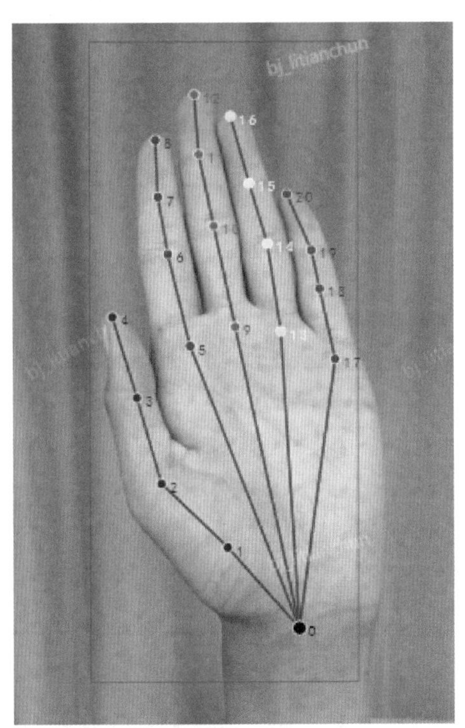

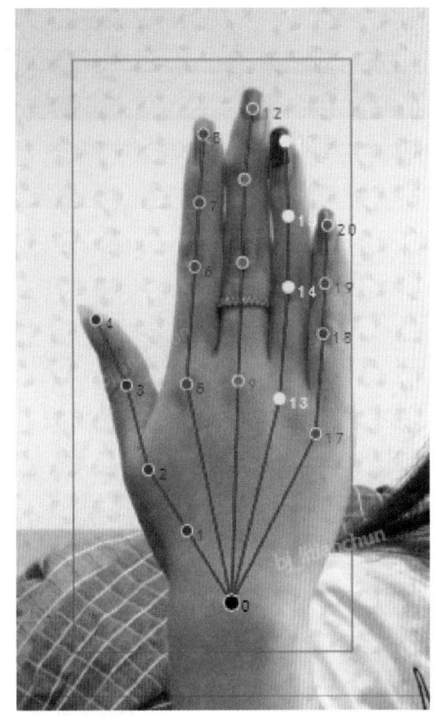

图6-40　第 0 点处在腕横纹的中心位置

3. 手部遮挡 / 截断

手部图片由于遮挡或者图片不完整导致点不能完全显示，遮挡超过 80% 的部分不予标注，其余手部遮挡或者截断造成的不完整，我们要根据人体手部正常变化以及手部比例等因素合理想象被遮挡 / 截断的点并进行标注，如图 6-43（a）与（b）所示。

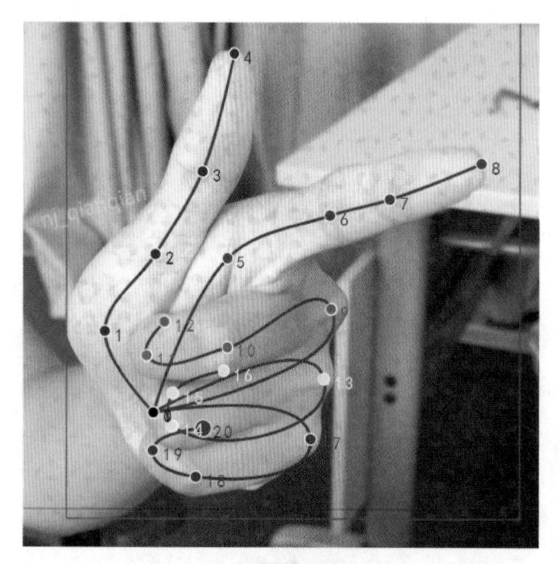

图6-41　第0点的位置可推断（1）

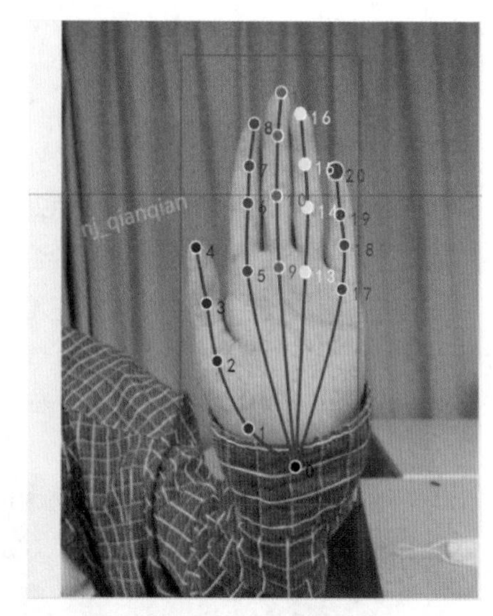

图6-42　第0点的位置可推断（2）

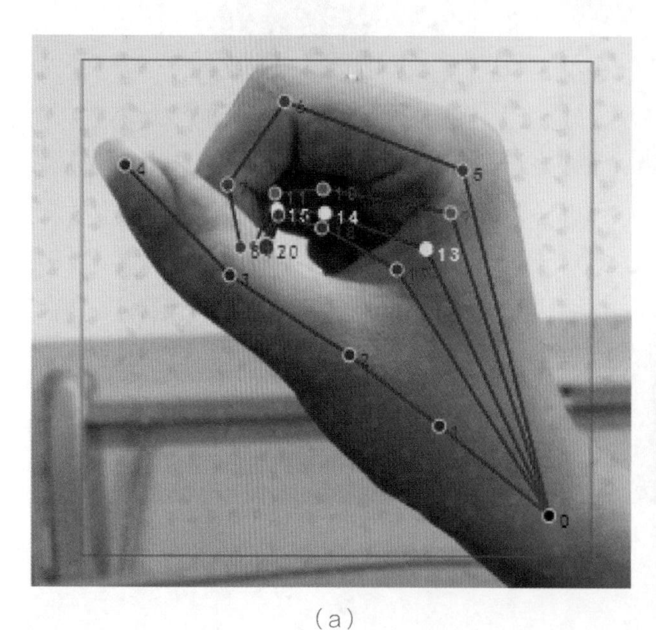

（a）

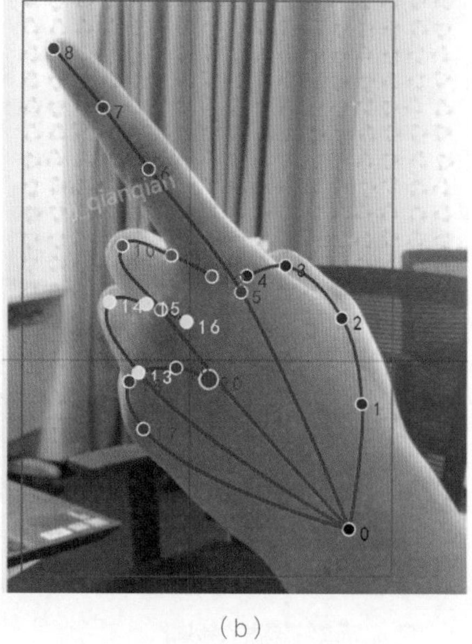

（b）

图6-43　手部遮挡/图片不完整情况下的标注效果

4. 可见性可推断

若标注的图片中手腕部分被衣物遮挡，第 0 点的属性可推断，第 3 点可以根据拇指弯曲的幅度以及露出的部分进行推测标注（见图 6-44），所以“可见性”设置为“可推断”。

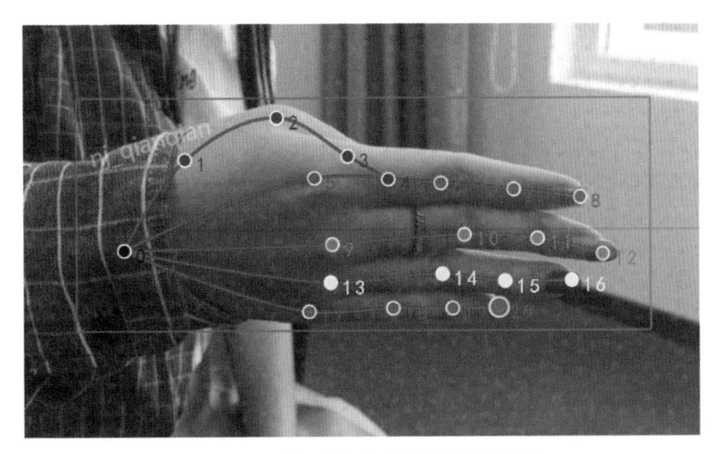

图6-44　第0点与第3点的位置可推断

如图 6-45 所示，第 5 点、第 9 点、第 13 点标注掌指关节点因为角度原因虽被遮挡，但是可以根据手势以及第 17 点推断出这 3 个点，所以第 5 点、第 9 点、第 13 点这 3 个点的“可见性”设置为“可推断”。

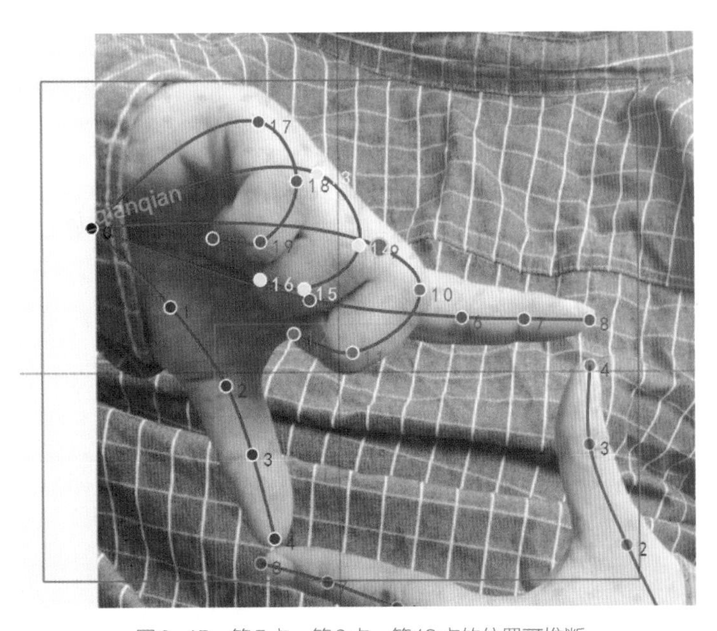

图6-45　第5点、第9点、第13点的位置可推断

6.3.5 手部关键点标注提升方法

如图 6-46 所示，对于掌指关节处的 4 个点——第 5 点、第 9 点、第 13 点、第 17 点，不管手势如何发生变化，它们基本上在一条顺滑的线上。如图 6-47 所示，图片中手部的小拇指的可见范围较小，它的第二关节和指尖被大拇指完全遮挡，存在多种手部姿势的可能性，标注时需要我们进行合理猜测，所以第 19 点、第 20 点两点的“可见性”设置为“完全不可推断”。

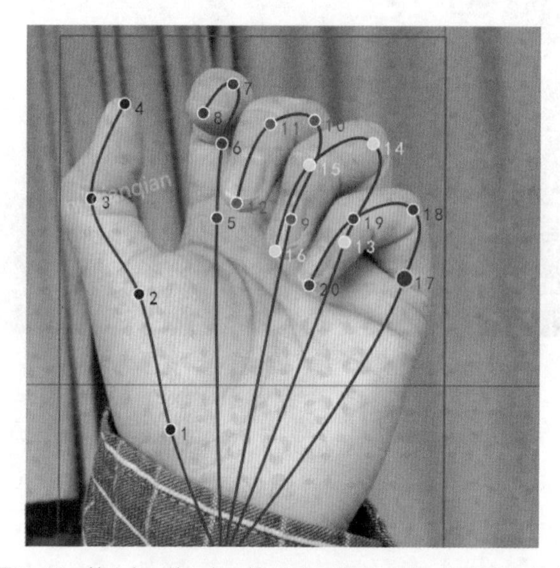

图6-46 第5点、第9点、第13点、第17点在一条顺滑的线上

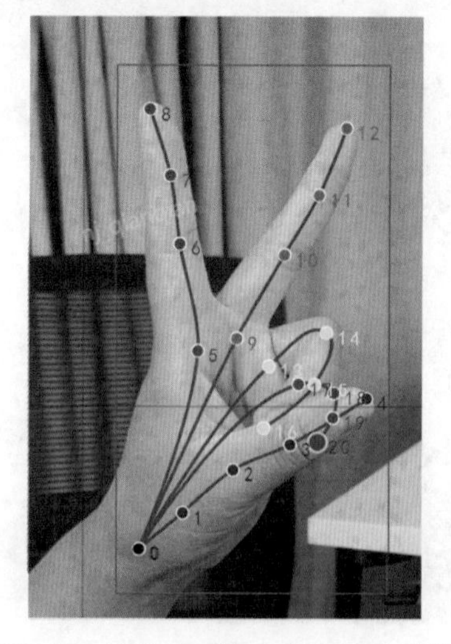

图6-47 第19点、第20点完全不可推断

同理，如图 6-48 所示，若手掌上的第 1 点、第 2 点、第 3 点完全遮挡，这 3 个点也需要进行推测标注，所以这 3 个点的“可见性”设置为“完全不可推断”。

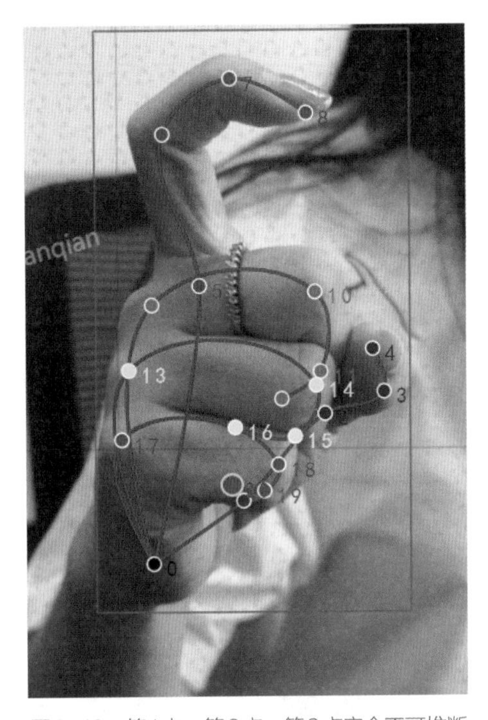

图6-48　第1点、第2点、第3点完全不可推断

当手指上的关键点可见的时候，要尽量保证手指上的关键点连线是直线，连线角度要尽可能和手势的角度一致。在图 6-46 中，大拇指上的关键点连线要符合真实手指弯曲幅度。

6.3.6　生活中的应用

1. 视频

在用视频 App 直播时，App 会结合用户的手势（如点赞、比心）实时在界面上增加相应的贴纸或特效，丰富交互体验。这类场景在短视频 App 上经常可以看到，如即时触发控花、控雨、控雪、666 弹幕护体、喵喵卖萌等有趣的动态特效，如图 6-49 所示。

2. 智能家居

在智能家居、智能家电、家用机器人、可穿戴外接设备、儿童电子教具等中，通过用户的手势变化可实现功能的转化，使人机交互方式更加智能化、自然化。

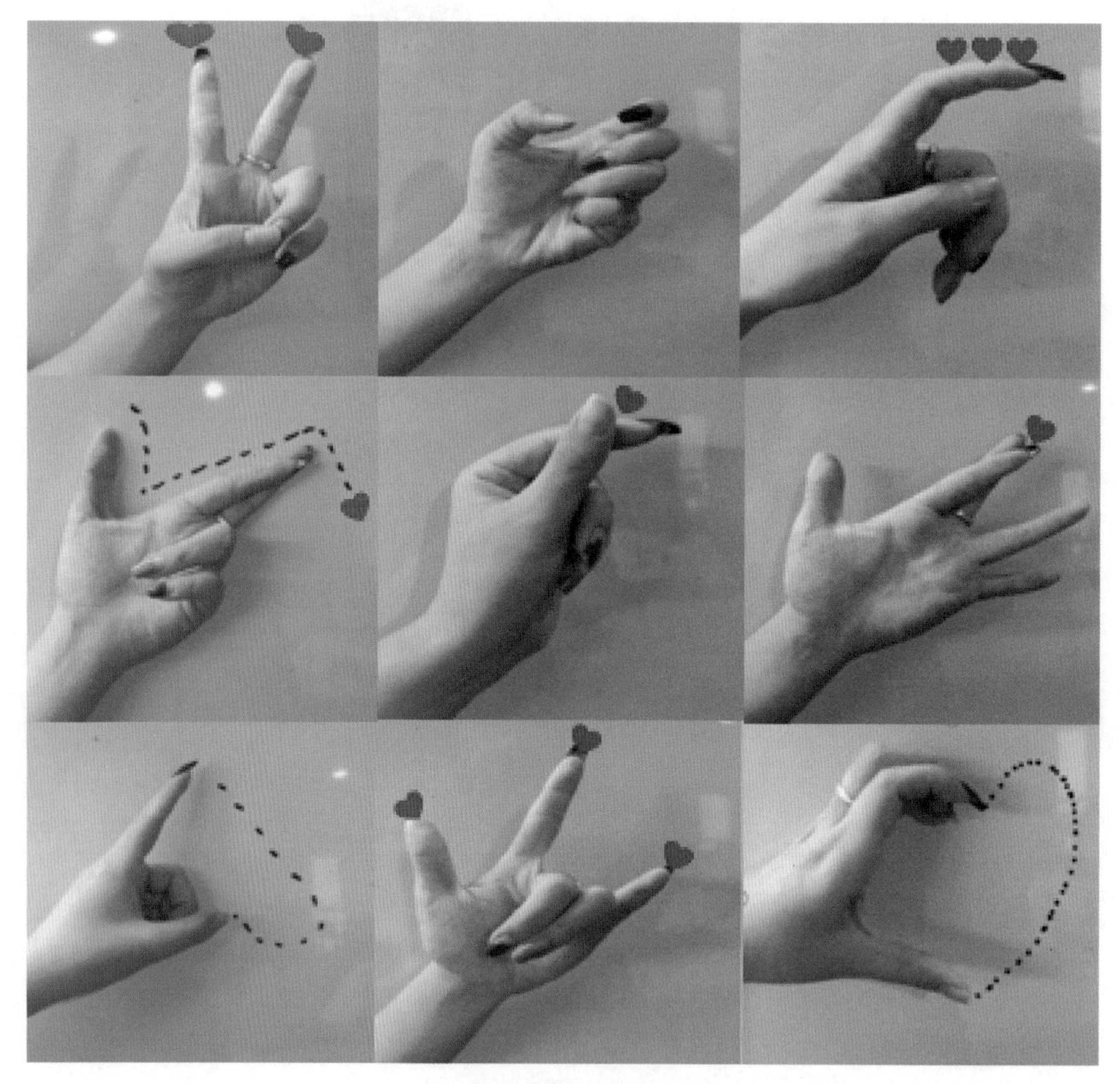

图6-49 视频App手部特效

3. 智能驾驶

将手势识别应用到驾驶辅助系统中，系统能够感应手部左右、上下滑动等手势的变化，用于控制自动驾驶的各种功能，这在一定程度上可解放双眼，使驾驶员将更多的注意力放在行驶道路上，提升驾驶安全性。

【练一练】

以图 6-50 所示的手部图像为例，请在图上标注出手部的关键点，并为各关键点选择相应属性。

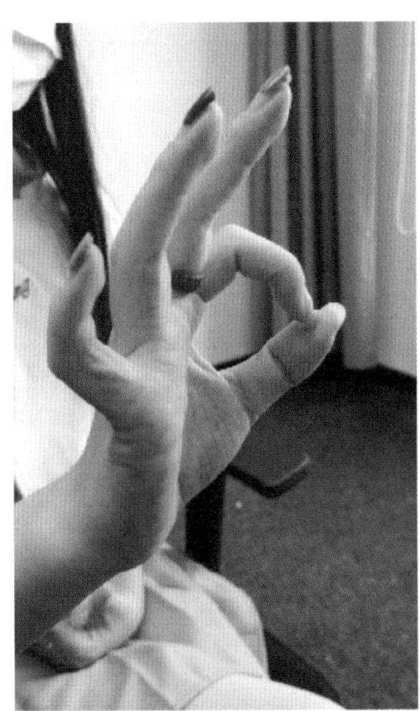

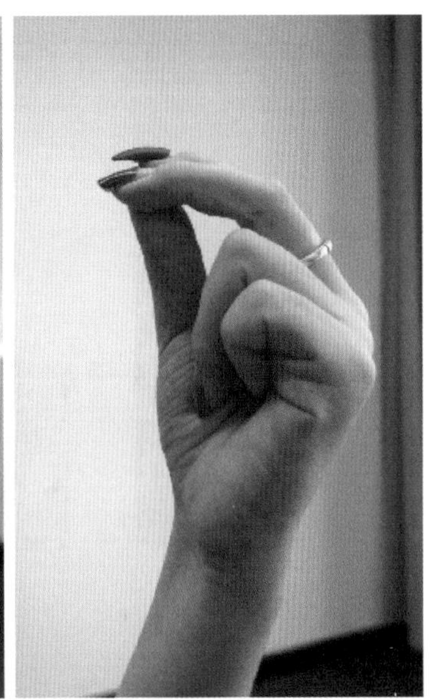

图6-50　练一练

6.3.7　手部关键点工具现状及展望

手部关键点检测同人脸 8 点检测以及骨骼关键点检测一样，在计算机视觉处理中，均属于识别任务中的基础环节。在计算机视觉识别任务中解决问题的步骤分别为分类（classification）、检测（detection）、分割（segmentation）及序列（sequence），如图 6-51 所示。其中分类指的是在图像（image）层面对不同场景下的图片进行归类，以供后续研究之用。在数据标注中这常常是最基本的一环，对于场景众多的数据集，分类往往是标注过程的第一个步骤。检测通常为第二个步骤，是指在区域（region）内对目标进行检测，如人脸 8 点工具就是对目标人脸进行检测，而手部关键点工具便是对手部及对应关键点进行检测。在目标检测完成以后会进行图像分割。后面介绍到的精细分割标注工具就是满足部分分割需求的。最后一个步骤是对图片在时间维度下进行排序，最后以视频的形式可以直观展示在我们面前，也就是图片在时间维度下的序列集合。

目前手部关键点检测仍存在一定的局限性。手部 21 个关键点的标注使得计算机可以明确手部的具体姿势，例如手掌五指张开、手部握拳等，提高了手势识别的精准度。然而，目前手部关键点工具在应用中大部分仍处在手部识别阶段，无法完美判断具体手势代表的涵义。当然，这也和每一个手势可表达的不唯一信息有关。举一个简单的例子，在中国数字六常用大拇指和小拇指来表示，而同样的手势在巴西则是友好的问候语的意思。正是这样不同的文化背景导致人工智能训练不仅要突破技术的瓶颈，还要结合人文、风俗等多方面进行因地制宜的应用。

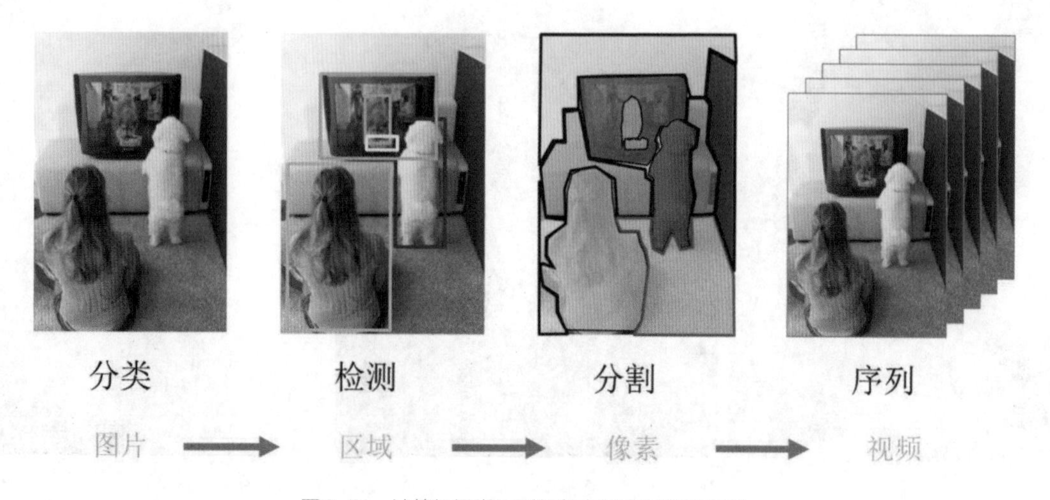

图6-51　计算机视觉识别任务中解决问题的步骤

随着目前国内公司推出的智慧屏等新时代智能电视的兴起，手势切屏等方面的应用会更加广泛，除了商业用途外，手势识别还可以在其他领域有广泛的应用，因此手部关键点工具的标注也会随之有着更广泛的应用。

6.3.8　小结

本章重点介绍了手部关键点标注工具的概念、使用方法、标注难点以及在日常生活中的应用。通过手部关键点的学习，我们了解了视频中的实时特效是如何设计触发的，以及一些现实生活中的科技产品——智能家居、智能驾驶等是如何进行人机交互的。这些都基于手部关键点的正确标注。所以我们要更好地掌握工具的标注方法，重点关注工具使用上的难点，提高标注的效率。

参考资料

[1] 余霆嵩 . 从传统方法到深度学习，人脸关键点检测方法综述 [M/CD].

[2] 吴文斌 . 基于深度学习的手部关键点检测及其移动端应用 [D]. 广州：华南理工大学，2019[2019-4].

第7章

识别标注工具

知识拓展

在过去几年时间里，许多游戏厂商一直在积极推进未成年保护体系的不断完善，如在对已实名未成年人“限玩、限充、宵禁”的基础上，专门针对“孩子冒用家长身份信息绕过监管”的问题，扩大人脸识别技术的应用范围，对疑似未成年人的用户进行甄别；在充值支付环节，当疑似由未成年人操作的成年人账号月充值大于400元时，或用户出现异常充值行为（如短时间充值金额激增等）时，即会要求进行人脸识别验证。遭到拒绝或未通过验证的用户则无法继续充值。游戏厂商们将以十分谨慎的态度，综合考虑用户隐私、信息安全与未成年人识别需求之间的平衡，持续主动探索更多创新的保护措施，不计成本、不遗余力地推进未成年人保护工作，与全社会一起守护孩子们的健康成长。

在上述保护措施中，人脸识别技术中的一人所属照片清洗技术起到了重要作用。本章介绍的就是与人脸识别技术有关的识别标注工具。

7.1 一人所属照片清洗

一人所属照片清洗工具是分类标注工具的一种。通常来讲，分类标注工具分为二分类标注工具和多分类标注工具两种。从字面意思可以理解，二分类标注工具用于将标注数据分为两类，而多分类标注工具用于将标注数据分为多类。一人所属照片清洗工具通常情况下是一种二分类标注工具，标注工程师只需判断数据内出现的人物是否与关键人物是同一人即可。如果是同一人，分类为同一人；如果非同一人，则分类为非同一人。在某些工具的设置中，会允许脏数据的分类出现，在这种情况下，我们可以将一人所属照片清洗工具视为三分类标注工具。

知识拓展

脏数据即没有进行过数据预处理而直接采集到的原始数据。换句话说，脏数据是不符合实际需求以及不能够对其直接进行数据分析的数据。

7.1.1 一人所属照片清洗工具介绍

一人所属照片清洗工具属于计算机视觉中经典的图像分类工具，解决的主要是与计算机视觉识别相关的数据清洗问题。通过使用照片清洗工具，标注工程师可以将数据进行分类整理。而计算机可以在对分类整理好的图像特征进行特征提取后，使用训练好的模型进行预测，得到预测值。有了预测值以后，计算机便可在未来对图片进行精确识别。

在登录旷视 Data++ 数据标注平台标注端后，在左侧的菜单栏中单击“标注”一项，界面右侧会显示出我们可以进行标注的项目列表，找到我们需要标注的“一人所属照片清洗”项目，单击该行最右侧的“开始标注”按钮（见图 7-1）就可以进入工具的标注页面。

反馈

标注工作
标注
检查
抽查
我的工作量
我的工作量(新
试标任务
标注文档
工作管理
任务池管理
成员工作量
工作量统计(新
报验收驳回
成员管理
成员管理
小组管理
邀请注册

刷新

工作流ID	工作流名称	任务池名称	标注类型	待标注数量	标注中数量	其他	操作
	一人所属照片清洗	一人所属照片清洗	识别 - 一人所属照片清洗	4	0	0	开始标注
	人体骨骼点	人体骨骼点	通用工具 - 点+属性	508	0	0	开始标注
	人脸8点	r人脸8点	检测 - 人脸8点	324	0	0	开始标注
	精细抠图	精细抠图	精细分割标注	85	0	0	开始标注
	3D Pose	人脸3D Pose	属性 - 人脸3D朝向	341	1	0	继续标注
	视频人脸8点	视频人脸8点	跟踪 - 视频人脸8点	2	0	0	开始标注
	多边形+属性	多边形+属性	通用工具 - 多边形+属性	195	0	0	开始标注
	属性标注	属性标注	通用工具 - 属性标注	116	0	0	开始标注
	手部关键点	手部关键点21点	通用工具 - 点+属性	3	0	0	开始标注
	框+属性	框+属性	通用工具 - 框+属性	145	0	0	开始标注

共 18 条 〈 1 2 〉

图7-1　找到“一人所属照片清洗”项目并单击“开始标注”按钮

在进行一人所属照片清洗的操作中，我们需在一人所属照片清洗工具的左侧图库中找出与关键（Base）人物不是同一人的图片，并对找出的图片进行剔除。在图片上单击以选用图片，然后把选用的图片移动至右侧，即可实现图片的剔除。图 7-2 所示为一人所属照片清洗工具的界面。

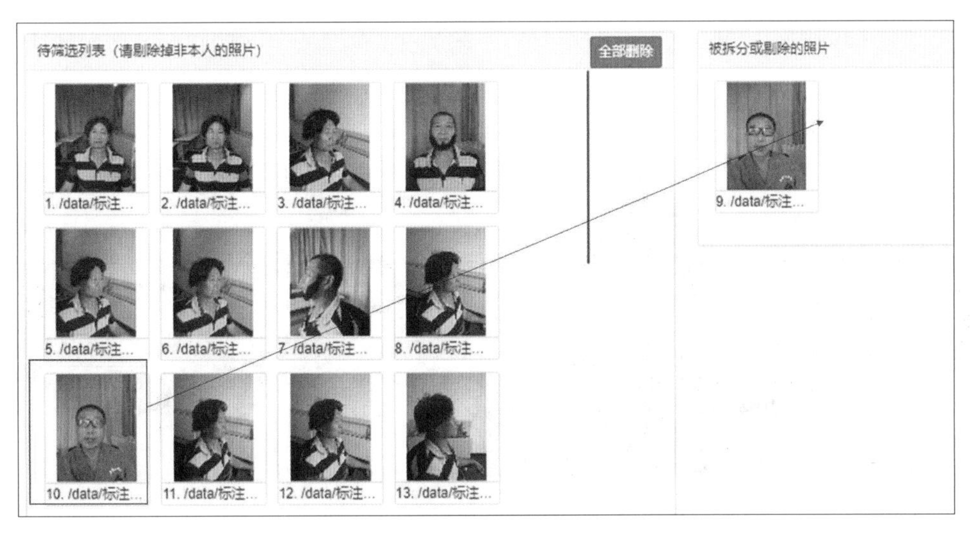

图7-2　一人所属照片清洗工具的界面

7.1.2 标注方法

一人所属照片清洗工具的标注步骤主要分为 3 个部分，分别是确定关键人物、剔除非关键人物、检查图片数据。具体实现步骤如下。

1. 确定关键人物

关键人物一般为图片库中的第一张图片。在进行一人所属照片清洗标注时，标注工程师需要根据第一张图片提供的人物信息，对图片库中的其他图片进行数据标注。通常来讲，第一张图片均为清晰的图片，提供的人物信息明确，且容易判断。如果第一张图片无法提供明确的人物信息，可粗略浏览图库中的全部照片，以辅助标注工程师确认关键信息。人物的关键信息主要集中在面部特征上。通俗地讲，我们面对一张人物图片时的“第一印象”可以帮助我们确认目标人物的关键面部生物特征。在确认了关键人物具体面貌长相后，我们便可以通过对比其他图片中出现的面貌特征对图库内的图片进行照片清洗标注了。

2. 剔除非关键人物

在一人所属照片清洗过程中，数据标注工程师可以参考关键人物图片提供的性别、年龄、发型、服装、五官、照片背景等特征，在图片库中进行高效清洗，目的是快速剔除与关键人物不符的照片。下面具体讲一下可以参考的特征信息。

- 性别。在对图片库进行标注时，我们一般一眼就能分辨出图片人物的性别，对与关键人物性别不同的图片人物可优先剔除。若关键人物为女性，则在图片库中快速剔除所有非女性的人物照片，如图 7-3 所示。

图7-3　在图片库中找出非女性的人物图片

- 年龄。为了提高图片数据的标注效率，在浏览图库中的图片时，优先剔除与关键人物年龄差距较大的照片。如果关键人物为小女孩，可以在图库中快速剔除所有成年人、老年人等非幼儿年龄段人物照片，如图 7-4 所示。

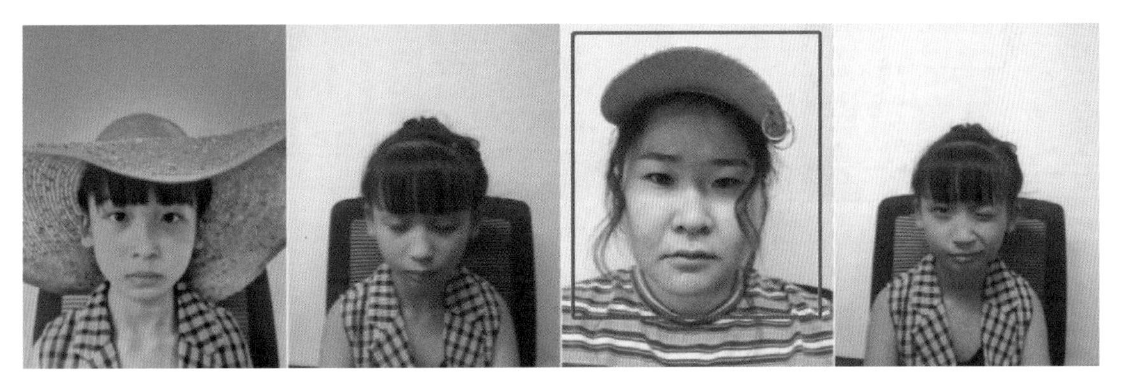

图7-4　在图库中剔除非幼儿年龄段的人物图片

- 面部特征。观察关键人物的面部特征，如果关键人物脸上有一颗痣，那么在图库中对比其他照片人物，可优先剔除脸上没有痣的人物照片。在图库中通过面部特征定位关键人物，如图 7-5 所示。

图7-5　在图库中通过面部特征定位关键人物

- 五官特征。观察关键人物的五官特征，如关键人物的眼皮、眉毛形状等，以在图库中剔除非关键人物照片。五官特征的差异判断如图 7-6 所示。

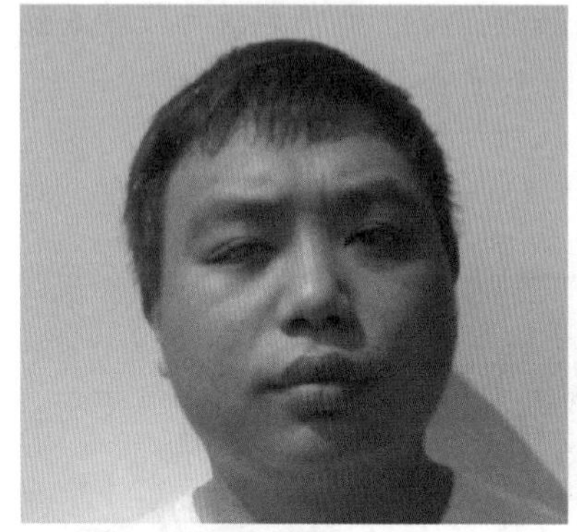 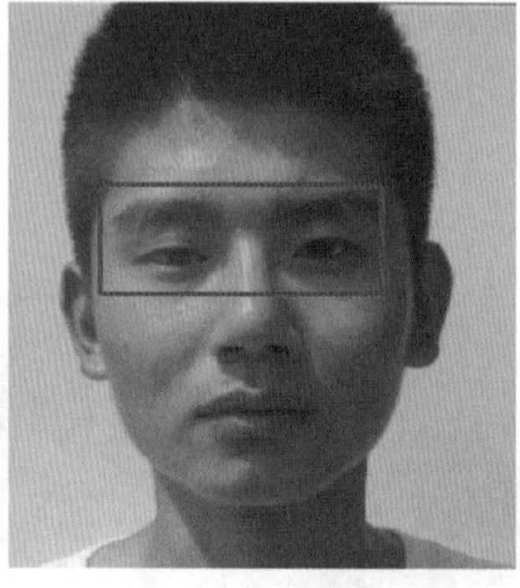 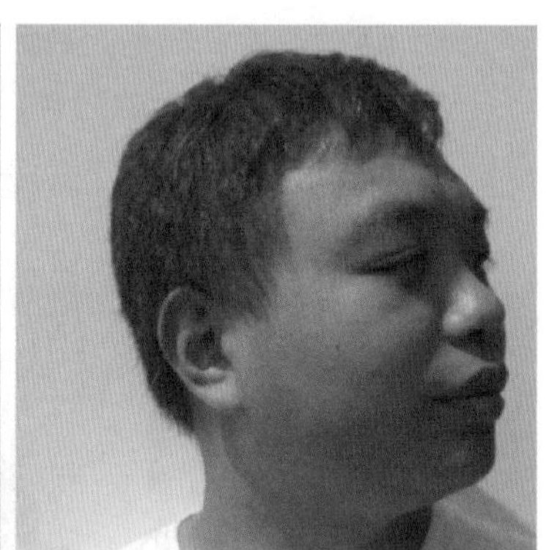

图7-6　五官特征的差异判断

- 发型特征。对图片进行照片清洗时，可以通过发型特征来判断非关键人物的图片。如图 7-7 所示，可以明显看到中间图片中的人物为光头，与关键人物的发型不符，可优先剔除中间的图片。

 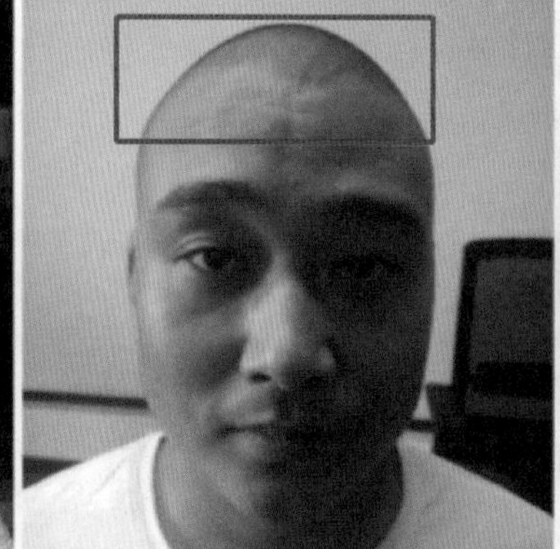 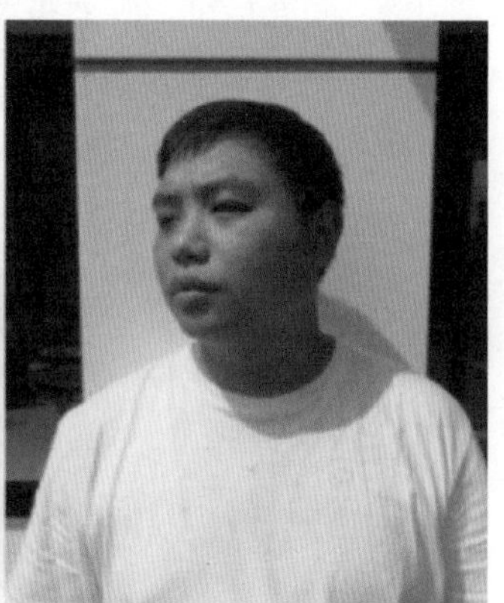

图7-7　发型特征差异

- 服饰特征。对图片进行清洗时，可以根据图片中人物的服装特征差异进行非关键人物图片的判断，可以优先剔除与关键人物服装不一致的图片，如图 7-8 所示。
- 背景特征。在脸部被遮挡或者无法准确分辨是否为关键人物图片的情况下，可观察人物图片的背景，以区分是否为关键人物。在清洗图片时，若看到人物图片的背景是墙面，那么对于拥有相同背景的人物图片，可初步判断其中的人物为同一人，如图 7-9 所示。

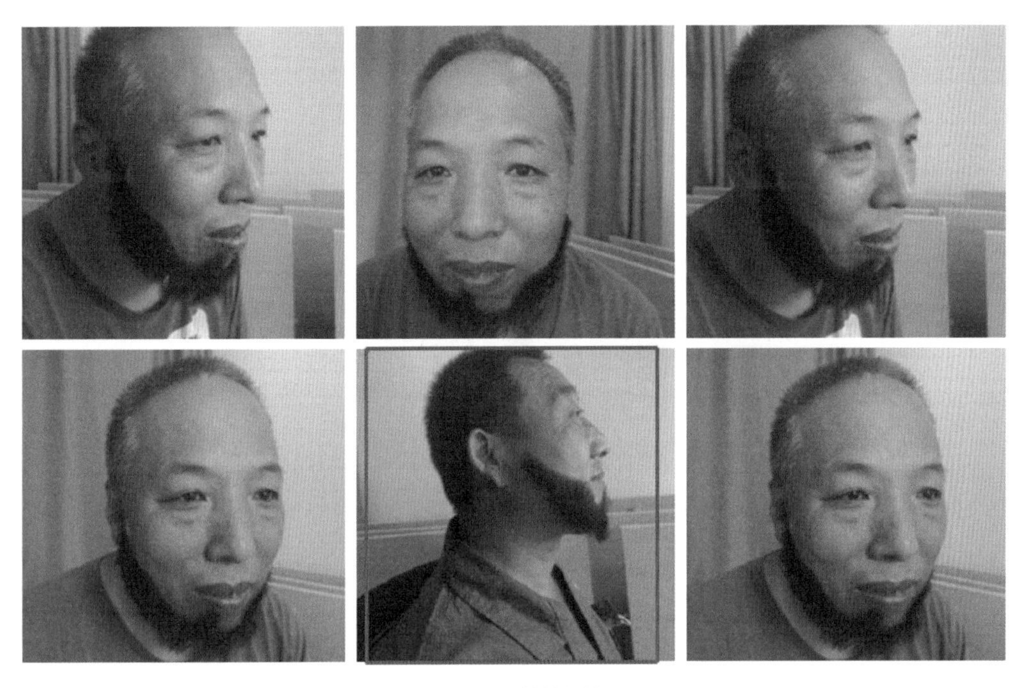

图7-8　服装特征差异

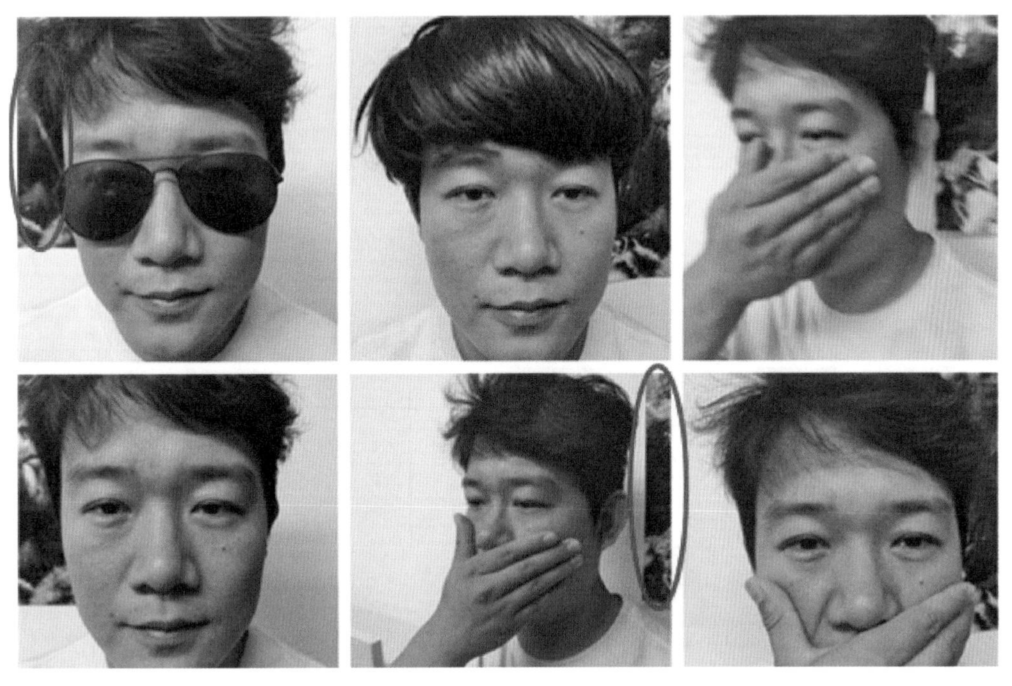

图7-9　背景特征差异

- 采集代码。每张人物图片放大后可显示一串采集代码，可通过采集代码判断图片人物是否与关键人物相同，对采集代码不一样的图片进行剔除，如图 7-10 所示。

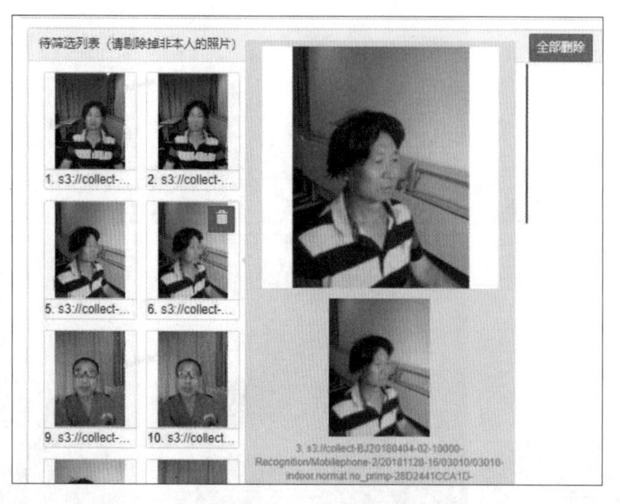

图7-10 采集代码差异

注意，同一图片库中的关键人物的图片不止一组，在多组的含有关键人物图片的图片库中，因为采集图片的场景、采集时间不同等因素，含有关键人物图片的采集代码也不同，所以在进行图片清洗时，图片采集代码仅可作为辅助判断的条件。

3. 检查图片数据

在照片清洗过程中，数据标注工程师需要最后检查一人所属照片清洗标注工具的界面左右两侧的图片数据，避免遗漏或标注有误。如图 7-11 所示，编号为 15 的照片人物与关键人物为同一人，但被剔除了。可以通过单击将误剔除的照片还原到图库中。

图7-11 编号为15的照片被误剔除了

7.1.3 标注难点

用一人所属照片清洗工具对图片进行标注操作的过程简单，但是由于该工具可以应用到的生活场景多，包含商场、车站等人流量大的场所，且图片来源复杂，因此在标注的过程中会有如下的难点。

- 数据采集期长，人脸变化大。由于每个人在每个时期的相貌不同，因此在某些特定项目中，对不同时期的同一人脸图片进行分类会给标注工程师造成很大的麻烦。如图7-12所示，9张人物图片为同一人不同时期采集的照片，面对这样的图片，标注工程师基本上无法完全确认它们为同一人的照片。

图7-12　同一人物不同时期采集的照片

- 在对外国人进行照片清洗时，容易产生“异族效应”。

知识拓展

异族效应又称跨种族效应（other-race effect），是指人类普遍对其他种族人群的脸部辨识度较自身种族低，这是由于我们在知觉发展过程中出现知觉窄化（perceptual narrowing）所导致的。从表面看来，“异族效应”和“脸盲”的表现都是认不出人，前者是指辨别不清其他种族人脸与自身种族的区别，后者是指对大部分人脸的差异都不敏感。这貌似只是范围和严重程度不同，但是实际上，其产生原因大不相同。

- 儿童的长相差别不大，通过人物图片很难分辨图片中人物是否为同一人。图 7-13 所示的中间的小朋友与两边的小朋友是不同的人物，但乍看起来非常容易混淆为同一人。

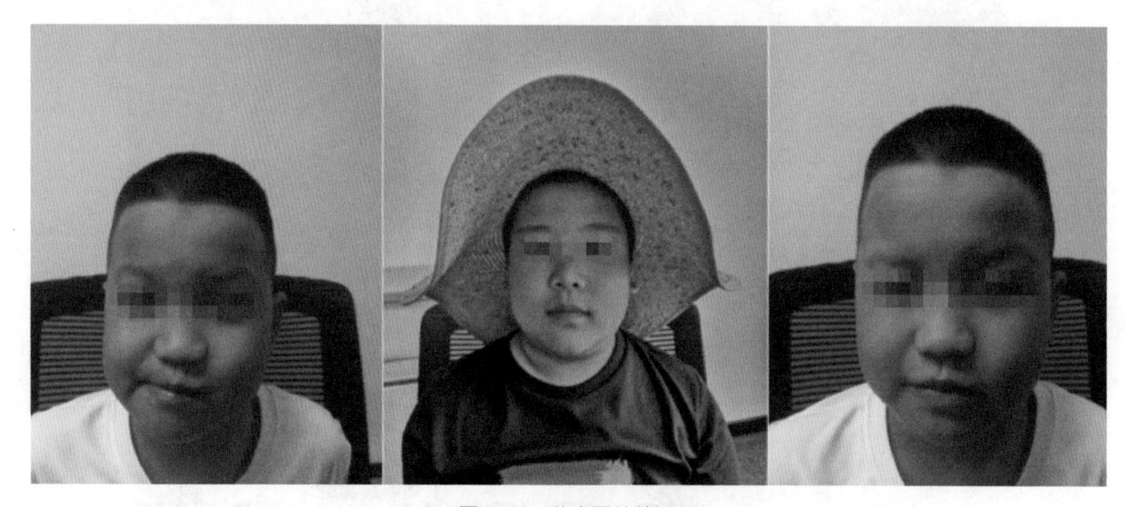

图7-13 儿童图片数据

- 光线原因。在逆光和侧光等环景下采集的人物图片，导致看不清人脸，无法分辨图片中人物是否为一个人。图 7-14 中间图片中的女士与左右两边图片中的女士是不同的人，但是在昏暗的可视条件下采集的这 3 张图片中的人物会被误认为同一人。

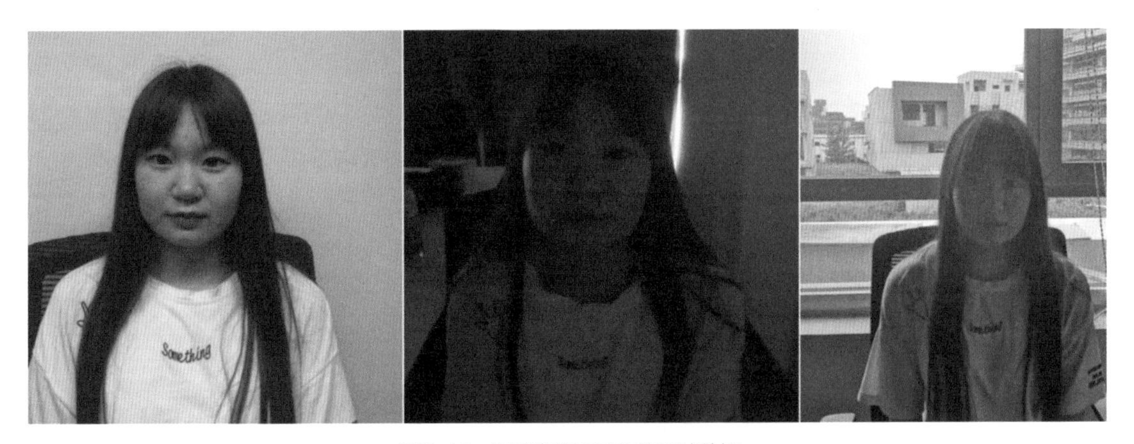

图7-14　不同光线下采集的图片数据

7.1.4　一人所属照片清洗工具在生活中的应用

1. 人脸实名认证

通过人脸识别设备，把采集的人脸图片连接到权威人脸图片数据源，快速完成身份核验。人脸识别常应用于金融服务、物流货运等行业，可有效控制业务风险，抵御作弊行为。人脸实名认证如图 7-15 所示。

图7-15　人脸实名认证

2. 刷脸闸机

以往进入办公区域需要身份证或工作证，如果忘带这些证件就需要耗费额外的人力、物力来验证，方可放行。现在一人所属照片标注技术用在人脸识别的闸机中，在闸机中快速录入人脸信息，此后用户刷脸便可通行，解决了用户忘带工卡、身份证出入办公区等问题，实现了企业、住宅等多场景下便捷化的门禁通行。刷脸闸机如图 7-16 所示。

图7-16　刷脸闸机

3. 智慧人脸考勤

几年前，公司的考勤不是纸质的记录就是卡片，人事部门统计出勤率很麻烦。现在通过人脸识别，可以有效提供移动考勤、摄像头无感知考勤和一体机考勤 3 种方案，确保签到员工身份识别的准确性，实现几秒内快速认证，有效防止代打卡等作弊行为，提高企业员工管理的信息化水平。

4. 智能相册分类

当把相机中的照片存储在电子相册里时，默认会按照时间顺序排列，这稍显杂乱无章，所以我们需要对这些照片进行归类。如图 7-17 所示，通过人脸检测、人脸搜索、人脸聚类等组合能力，对相册中的图片进行智能分类，将同一个人的照片归为一组，降低人工分类成本，提升电子相册的用户体验。

图7-17　对相册中的图片进行智能分类

7.1.5　照片清洗工具现状

如果单纯地从页面展示效果来看，照片清洗工具和人脸识别工具一样，在照片清洗工具中我们需要做的工作就是把不同的人物图片剔除，保证同一人物图片池里所有的数据图片属于同一人即可。然而，这个看似操作简单的工具确有着许多标注难度，可以归纳为以下几句诗词。

（1）君不见，高堂明镜悲白发，朝如青丝暮成雪。在目前的人像图片档案管理中尚未建立有效的数据收集、聚类和归档机制，由于每个人的容颜在岁月中会发生今非昔比的变化，从数据标注的角度来说人眼很难分辨不同时期的一个的图片，需要靠其他条件辅助进行推测标注，因此这给数据标注工程师造成了很大的难度。

（2）雄兔脚扑朔，雌兔眼迷离，双兔傍地走，安能辨我是雄雌？为了更好地守护未成年人的安全，在学校附近对接送孩子的成年人进行管理是势在必行的。然而，与成年人不同，孩子在年龄小的时候体貌差别不明显，而且通常着装比较统一，因此导致在标注过程中出现许多令人无法准确判断的图片。

（3）众里寻他千百度，蓦然回首那人却在灯火阑珊处。在生活中，在黑暗的地下车库或者夜间的街头，使用人脸一次性解锁手机往往会非常有难度。这与暗光条件下手机对人脸识别算法的影响是相关的。为了加强人脸识别算法在这方面的性能，许多暗光条件下的图片数据需由标注工程师进行标注。对人眼来讲，识别暗光、逆光、测光条件下采集的人脸图片是一个非常有挑战性的工作。这也是照片清洗工具使用时的难点所在。

除上述难点以外，很多标注工程师或多或少会受到“异族效应”的影响而对跨种族人人脸的分辨存在困惑，还有极少数的人因为“脸盲症”而在使用照片清洗工具的过程中举步维艰。不过从实际项目情况来看，绝大部分原因是心理因素而非客观因素。因此，只要正视工具，按照前面总结的方法来进行重点识别，标注工程师都是可以胜任操作照片清洗工具的工作。

【思考与讨论】

当出现无法准确判断的照片时，应优先选择保留该照片还是剔除?

7.1.6 小实验

在照片清洗项目进行的过程中，不同人对人脸的判断能力是有差异的。科学研究表明，一些人脸识别障碍者在进行视觉处理时主要利用部分处理或者自下而上的处理方式，专注于个体特征而非面部特征，在专注于面部部位时，也主要集中在面部的下半部分，尤其是嘴部。

所以，请通过一个小实验判断在进行人脸识别的时候人们会将目光最先集中在哪里。

7.1.7 小结

人脸识别技术的诸多应用令我们可以实实在在地感受到生活正在便捷化，当今社会在强有力的人工智能技术的推动下，逐渐进入更丰富、更便捷、更美好的新纪元。在进行照片清洗操作时，我们可以利用前面介绍的多种方法筛选不符合目标的图片。面对一些特殊群体难分辨的人物图片数据时，耐心地从细节处着手，对模棱两可的照片可以剔除，优先确保保留的照片的准确性。

知识拓展

行人重识别是交通管理、城市平安、无人驾驶等领域应用的核心基础技术之一。它能够识别出特定人员在不同摄像头下出现的所有图像。在景区和商场人流预测、人群个性化分析、行人交通安全、寻找丢失老人等应用上，这项技术可以发挥巨大的作用。在实际的城市场景下，大多数摄像头拍摄到的图像中看不清人脸，但通过对行人的整体和局部特征的识别，则可实现人物的辨别。

7.2 行人重识别

行人重识别（Person Re-identification）也称为行人 ReID，可以利用计算机视觉算法进行跨摄像头的追踪，来找到不同摄像头下的同一个人。在现实生活中，由于摄像头距离行人比较远，捕捉到的图像比较模糊，没有办法通过人脸进行准确定位。但 ReID 技术可以有效解决几乎所有看不清人脸的摄像头数据分析问题。

当视频中存在人脸遮挡、低分辨率、角度不同、光照不足，以及大范围空间下行人轨迹严重碎片化等造成视频数据无法有效利用的问题时，可以通过提取衣帽、发型、配饰、携带物品、身型等特征值，基于图像中行人的半 / 全身特征对行人个体进行精准识别。同时，根据该技术在监控视频中提取、检索的目标人员的特征表现信息，可以快速定位和检索目标人员在某一场景中的时间信息和地理位置信息，分析和记录目标人员的时空轨迹行为，追踪特定目标人员的轨迹。

根据行人重识别技术的特点，如针对人类外貌体态等特征值的识别和检索，可以排查可疑人员和走失老人及儿童等人员。这是一个对城市人员管理非常有帮助的技术。而这项技术主要就是通过行人 ReID 合并标注工具所实现的。

7.2.1 行人重识别合并标注工具介绍

在登录旷视 Data++ 数据标注平台后，在左侧的菜单栏中单击“标注”，界面右侧会显示出我们可以进行标注的项目列表，找到“多角度行人 ReID”项目，单击该行最右侧的“开始标注”按钮（见图 7-18），就可以进入工具的标注页面。

行人 ReID 合并标注工具在进入人工标注之前，首先会由计算机算法针对每段视频中出现的目标人物进行预标注。在这个过程结束以后，计算机算法会在目标人物图像上标注出预标框。

当把预标注后的数据交给标注工程师后，会要求标注工程师对已有的预标框分别进行清洗和合并标注。

因此在数据标注工程师使用行人 ReID 合并标注工具时，需要将从多个不同角度拍摄的监控画面中的行人框在确认为同一人物后进行合并。在工具的每组数据中，一般会有 4 ~ 8 段视频需要进行合并处理，少数情况下会有 10 段以上视频。

工作流ID	工作流名称	任务池名称	标注类型	待标注数量	标注中数量	其他	操作
	一人所属照片清洗	一人所属照片清洗	识别 - 一人所属照片清洗	29	0	0	开始标注
	人体骨骼点	人体骨骼点	通用工具 - 点+属性	946	0	0	开始标注
	人脸8点	r人脸8点	检测 - 人脸8点	710	0	0	开始标注
	精细抠图	精细抠图	精细分割标注	24	0	0	开始标注
	多角度行人ReID	多角度行人ReID	识别 - 多角度行人ReID	1	0	0	开始标注
	3D Pose	人脸3D Pose	属性 - 人脸3D朝向	358	0	0	开始标注
	视频人脸8点	视频人脸8点	跟踪 - 视频人脸8点	2	0	0	开始标注
	多边形+属性	多边形+属性	通用工具 - 多边形+属性	182	0	0	开始标注
	属性标注	属性标注	通用工具 - 属性标注	141	0	0	开始标注
	框+属性	框+属性	通用工具 - 框+属性	164	0	0	开始标注

共 18 条 ‹ 1 2 ›

图7-18　找到“多角度行人ReID”项目并单击“开始标注”按钮

在同一个目标人物出现在所有视频里的所有预标框以后，会要求标注工程师以每一个目标人物为单位，查看合并后的所有框，避免出现错标的情况。如果出现了错标的情况，标注工程师可以进行与前面介绍的一人所属照片清洗工具类似的图片清洗工作，删除不符合规则的标注目标。

由于行人 ReID 合并标注工具涉及合并与清洗两个环节。因此与之前介绍的工具在单页面中操作不同，行人 ReID 合并标注工具的操作会涉及两个页面，我们首先对两个页面进行分别介绍。

1. 合并页面

合并页面如图 7-19 所示。由于篇幅限制，这里只展示图像数据中 6 段视频里的 4 段视频。

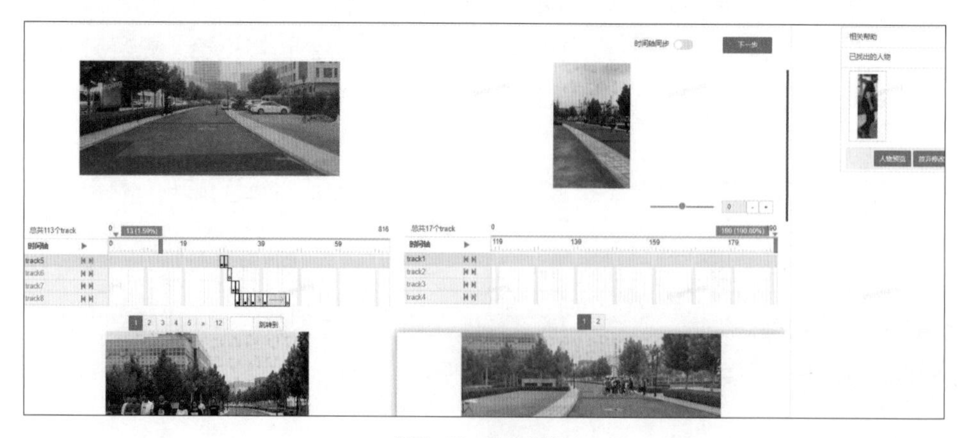

图7-19　合并页面

在合并页面中，除了之前介绍的在其他工具页面中常见的图像数据展示，还会发现在图片下方有时间轴——track，以及帧数等。我们先对会界面中涉及的术语进行定义，然后再进行详细讲解。

- 起始帧：目标人物预标框每次出现的第一帧，如图 7-20 所示。
- 结束帧：目标人物预标框每次出现的最后一帧，如图 7-20 所示。

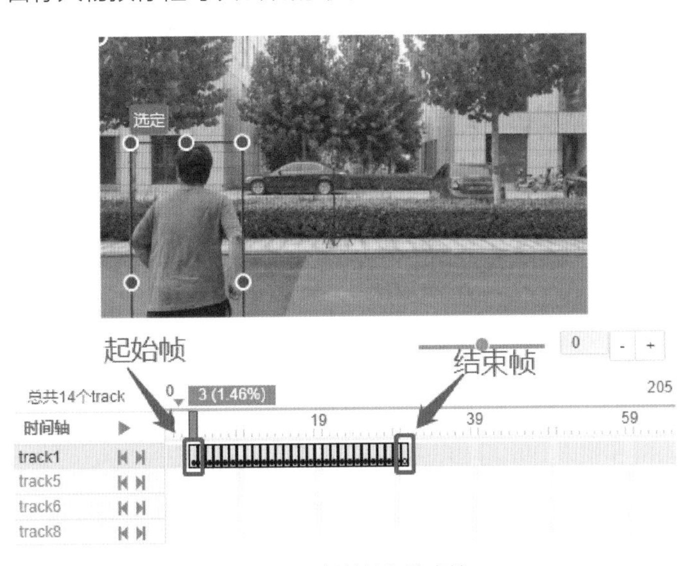

图 7-20　起始帧和结束帧

- 关键帧：对此帧进行合并操作，如图 7-21 所示。

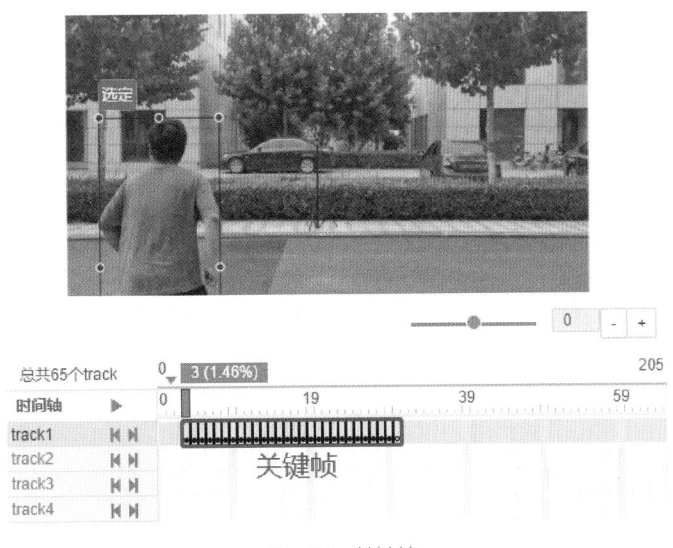

图 7-21　关键帧

- 轨迹（track）：在行人 ReID 合并标签工具中可以理解为目标人物，如图 7-22 所示。

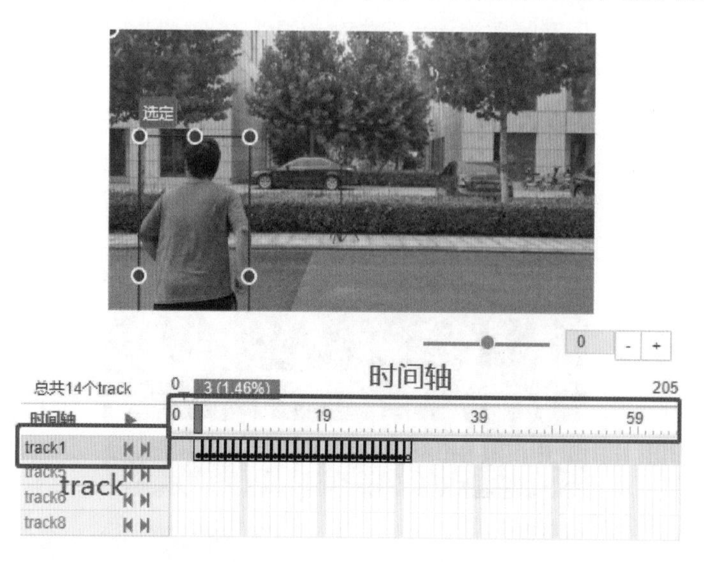

图7-22　track

在 ReID 合并标注工具中，算法将目标人物身上出现预标框的情况归类为一个 track。通常来讲，如果目标人物一直在一个视频界面里，没有走出视频界面，该目标人物的预标框可能会因为目标人物被遮挡等消失。如果目标人物的预标框重新在相同视频内出现，系统会将同一目标人物识别成新轨迹。对于图 7-23 左所示的第 132 帧，穿黑色衣服的人物头上标有“选定”，他被系统预标为 track2，且第 132 帧为 track2 的结束帧。在目标人物继续行进的过程中，预标框消失。在第 137 帧，如图 7-23 右所示，同一人物的预标框变为了 track50。因此，即使目标人物为同一人物，在同一段视频里，并未出现走出视频的情况，也会有不同的 track。

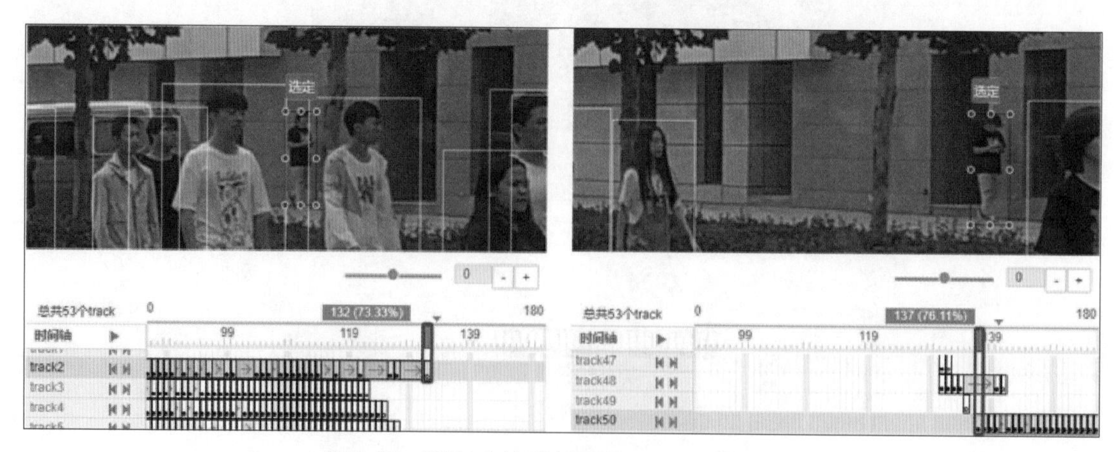

图7-23　目标人物被系统预标为track2和track50

同理，一旦目标人物走出了视频，重返视频后，系统会自动将目标人物识别成一个新的轨迹。此时，则需要标注工程师进行同一视频内 track 间的合并操作，如图 7-24 和图 7-25 所示。

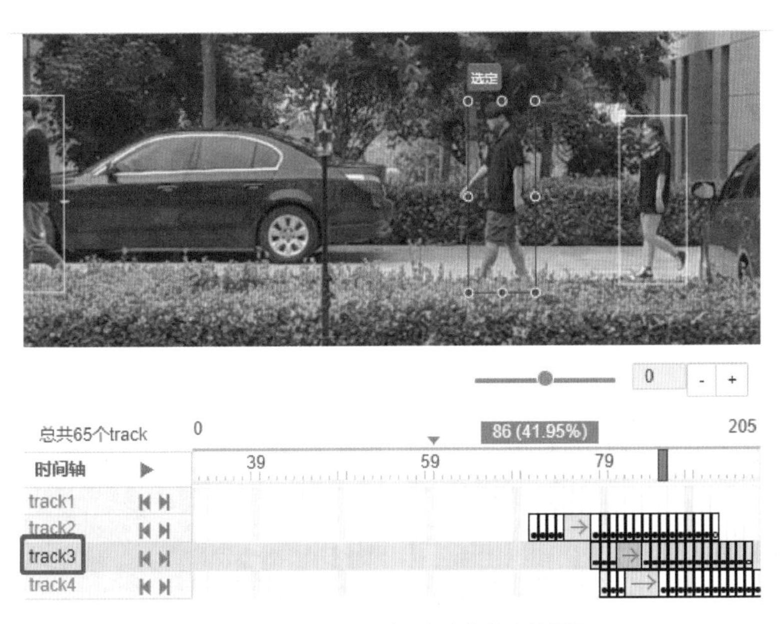

图7-24　对track3中目标人物的合并操作

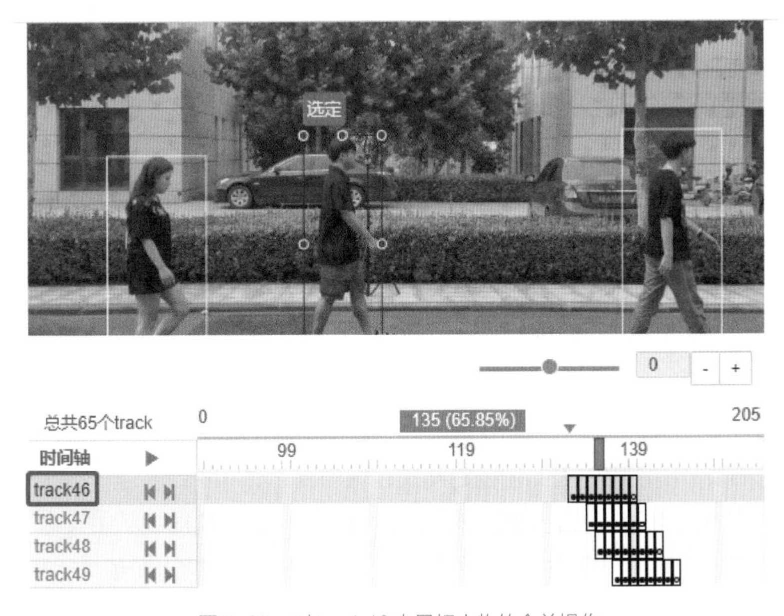

图7-25　对track46中目标人物的合并操作

在图 7-24 中，头上标有“选定”的男士目标人物在同一个视频内由左至右行进的过程中被预标注为 track3，之后目标人物走出了视频。在同一段视频内，目标人物再此进入视频后由左至右行进，被预标注为 track46。两个轨迹虽然表示同一目标人物，但是由于目标人物预标框的消失导致轨迹编号不同。

此外，如果几段视频中都有同一目标人物的预标框，每个视频里的同一目标人物的轨迹编号即使不同也需要进行合并。此时，需要标注工程师进行不同视频之间的轨迹合并操作，如图 7-26 所示。从视频拍摄角度我们可以得知，所需标注视频为两段不同视频。同一目标人物在左侧视频中被系统预标为 track4，而在右侧视频里被系统预标为 track46。这种情况下需要标注工程师进行视频间的轨迹合并。

在进行视频间的轨迹合并时，我们需要做的就是将同一人物在不同段视频内出现的 track 进行合并。具体合并操作步骤会在下面介绍。

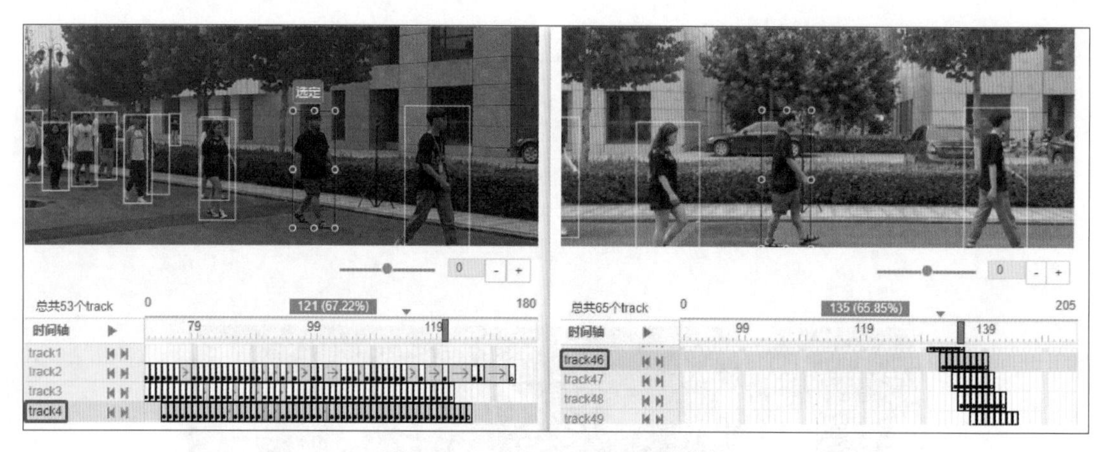

图7-26 track4和track46间的合并

理解了轨迹与目标人物的关系，也就不难理解为什么在 ReID 合并标注工具中，同一个人物可能在多个轨迹里出现，以及同时轨迹的数量常常远大于真实目标人物的数量的情况。

时间轴用于在视频中从时间角度确认帧数，如图 7-27 所示。

在行人 ReID 合并标注工具中，由于进行的是视频间合并，而视频本身就是一系列静态图片在时间轴上平滑连续展示的集合，因此在标注时可以依照时间先后的顺序进行合并。需要注意的是，每段视频的拍摄时间不同，因此视频之间的起始与终止时间也会有差异。由于 ReID 涉及跨摄像头多角度监控，录制视频时周围的环境以及摄像头的变化会增加视频中人物的检测难度，因此需要对采集的视频数据进行精准标注。标注前，需要观察所提供的视频，判断视频拍摄角度、拍摄时间。

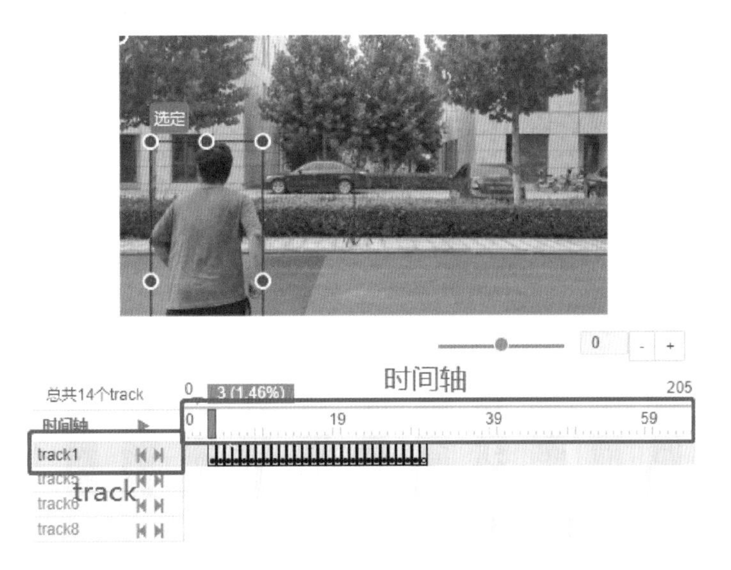

图7-27　时间轴

在同一目标人物的合并完成以后，可以单击界面右上角的“下一步”按钮，如图 7-28 所示，进入清洗界面。

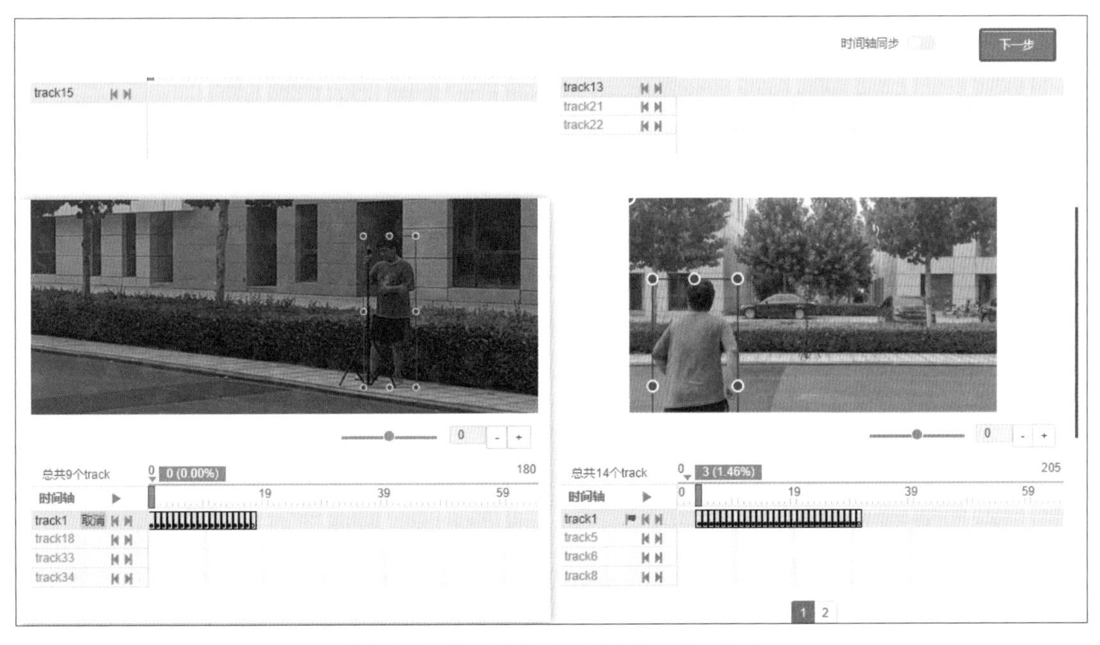

图7-28　单击“下一步”按钮进入清洗界面

2. 照片清洗界面

在合并步骤完成后会进入照片清洗界面。标注工程师在该页面中需要对已经合并的轨迹进行检查，如果合并的图片不符合要求，则通过单击图片进行删除，以达到保留正确目标图片的目的。当确认无误以后，标注工程师单击界面右下角的“确定”按钮以进行确认，如图 7-29 所示。

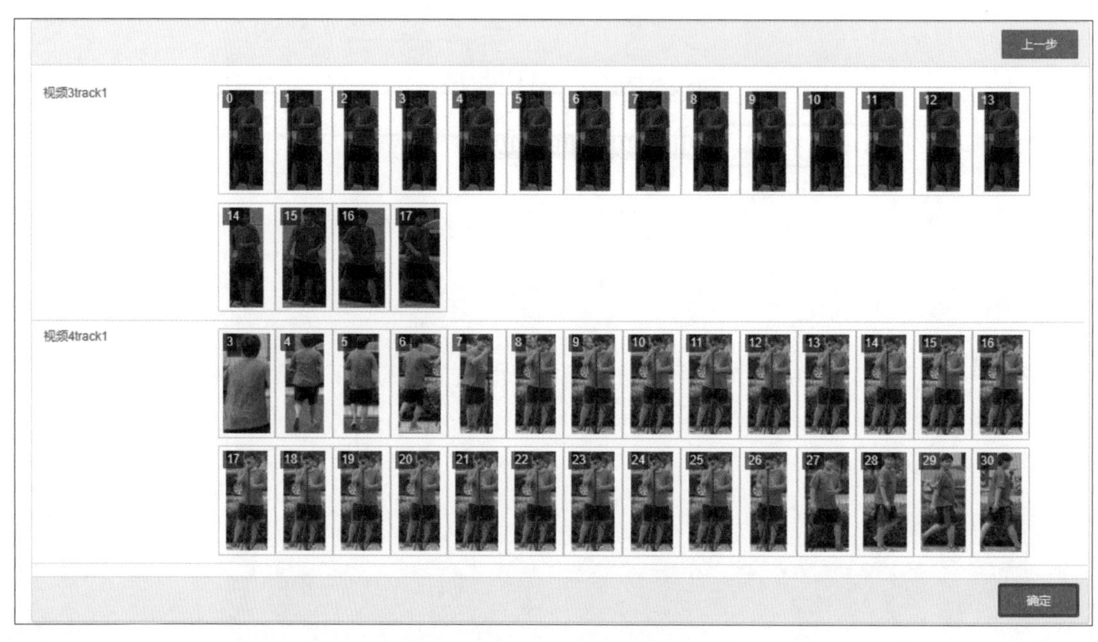

图7-29 单击“确定”按钮

7.2.2 标注方法

1. 选定目标人物

由于 ReID 合并标注工具通常会对多段视频进行合并，因此不建议读者拿到视频后立即从第一段视频开始进行视频内合并。正确的操作顺序应该是，在开始标注前，首先对所有的视频进行预览，大概明确每一段视频对应的方位、拍摄角度以及人物信息。在明确了目标人物会在大概什么时间点出现在哪段视频里，不会出现在哪段视频里以后，再开始标注。例如，如果采集视频的场景是在马路边，绝大部分摄像头指向了人行道，只有少数的摄像头指向了马路，那么我们就可以较确定地把马路上的行人或者骑车的人进行合并，而无须担心这些人会出现在其他指向人行道的视频内。通过这种预览的方法可以为标注工程师节约很多时间，提升标注的效率。

利用键盘上的左、右方向键，逐帧浏览视频，寻找目标人物，并牢记目标人物特征信息，例如，行走位置、衣着、先后出现的顺序等，如图 7-30 和图 7-31 所示，4 段视频为马路同一侧的场景，且摄像头朝马路方向。

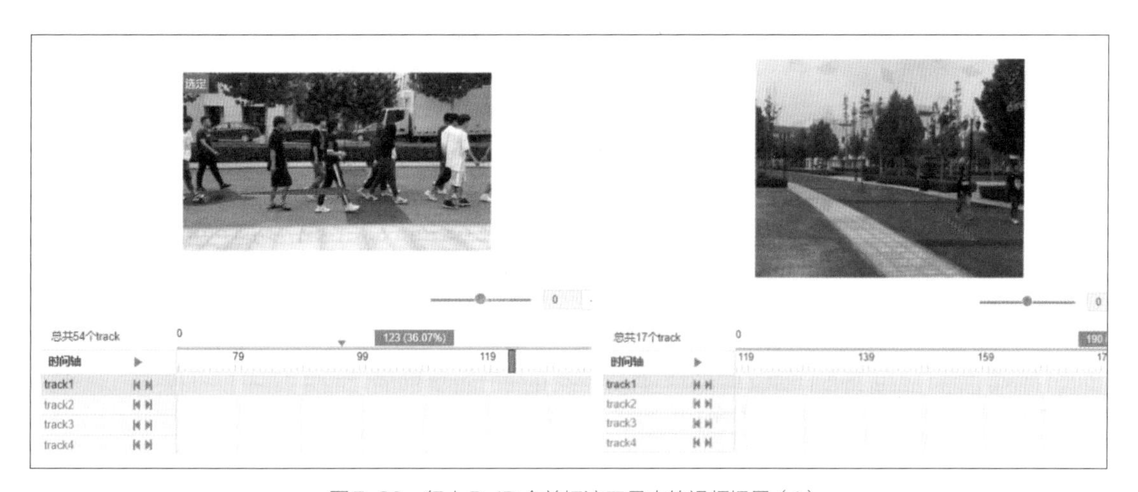

图7-30　行人ReID合并标注工具中的视频场景（1）

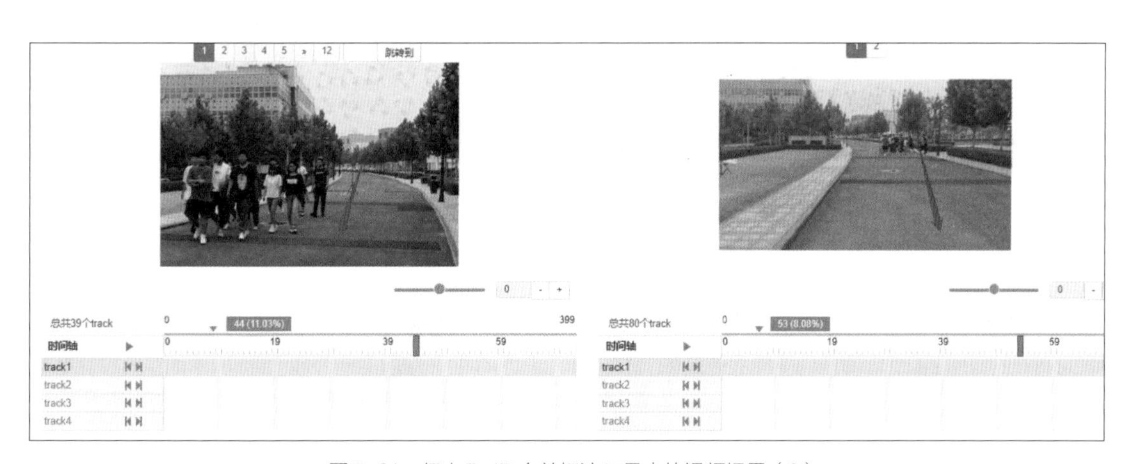

图7-31　行人ReID合并标注工具中的视频场景（2）

图 7-32 所示的两段视频的拍摄方向与图 7-31 中两段视频的拍摄方向相反。在图 7-31 中，人物朝标注工程师移动。而在图 7-32 中，人物背离标注工程师。但是通过视频我们可以看出，这两段视频可以完整地涵盖图 7-32 中的所有人物，因此，对于类似角度的视频，我们需要对视频中出现的每一个人物都进行视频间的合并标注，以确保每一个人物的轨迹都会被标注

到，不存在视频间合并时漏标的现象。

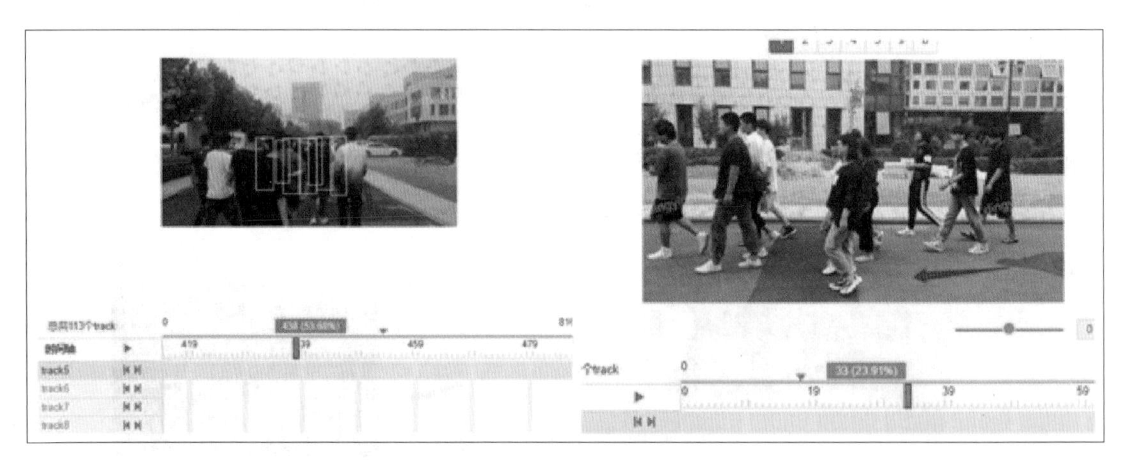

图7-32　方向相反的两段视频

在视频中确定目标人物后，在该目标人物的上方单击“选定”框进行主轨迹选择。若想取消该目标人物的合并，在视频下方单击“取消”按钮即可，如图 7-33 所示。

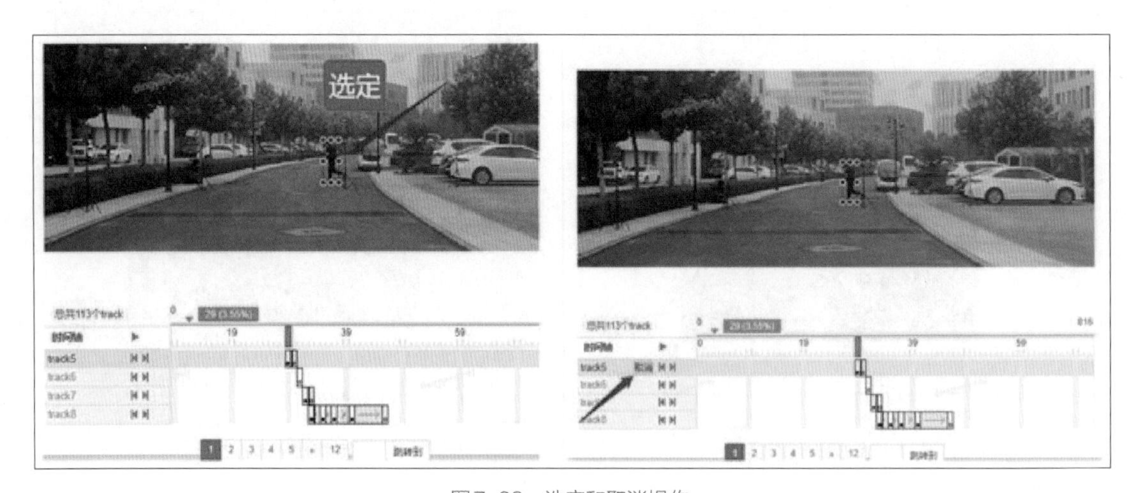

图7-33　选定和取消操作

2．合并目标人物

目标人物选定以后，根据时间、位置等特征在其他视频片段中寻找该目标人物，找到目标人物后，在视频中单击目标人物，目标人物框呈红色，然后按 Enter 键合并当前目标人物，如图 7-34 所示。

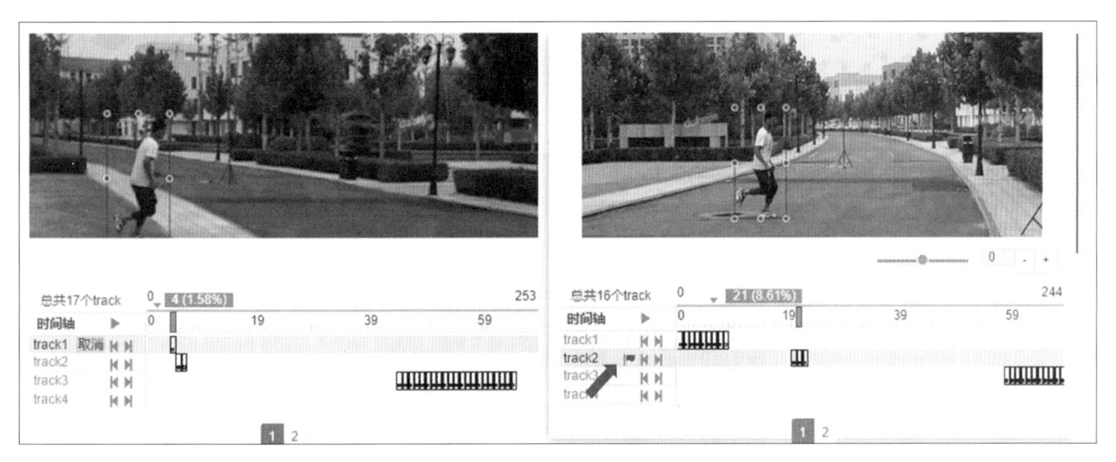

图7-34　合并当前目标人物

3. 照片清洗

目标人物合并结束后，系统将数据标注工程师选取的所有帧进行整合，自动检测所选取到的目标人物图像，将不符合要求的数据剔除。这一个步骤的操作方法和前面介绍到的照片清洗类似，也是相当重要的一个识别步骤。只有在上述两个步骤里都正确操作，才可以确保 ReID 在后续的算法中顺利地发挥识别作用。

在行人 ReID 合并标注工具中，可以通过单击剔除图片数据中只有下半身的图片，如图 7-35 所示。

图7-35　剔除只有下半身的图片

同理，通过单击可以剔除身体一半以上被截或遮挡的图片。然而，只有上半身的图片则不需要剔除，如图 7-36 所示。

图7-36　只有上半身的图片不需要剔除

模糊、灰暗、无法分辨人物特征的图片应剔除。

若两个人物同框且各自相对于图片的占比相同，无法分辨当前框的主体人物，这样的图片应剔除，如图 7-37 所示。

图7-37　同框人物且各自相对于图片的占比相同时应剔除

在实际用行人 ReID 合并标注工具的过程中，如果视频 track 中所有帧均符合剔除要求，则不合并此 track。

7.2.3　标注难点

在采集的视频中，当视频中的人物有脸部遮挡、低分辨率、角度较偏、光照不足，以及大范围空间下行人轨迹严重碎片化等造成视频人物图像数据无法有效利用的问题时，数据标注工程师可以通过提取视频中人物的衣帽、发型、配饰、携带物品，身型等特征值，或基于图像中目标人物的半 / 全身特征，对目标人物进行精准识别和标注。在日常标注项目中，数据量越大，标注难度就越大。

数据标注工程师在以往使用行人 ReID 合并标注工具的过程中总结了以下 3 个项目相关难点。

1. 数据质量

由于标清摄像头的清晰度没有卡口摄像头高，因此通过前者获取的视频数据质量相对较差。同时在通过摄像头采集图像时行人状态在变化，采集的图像效果更好，在这种情况下，标注工程师如果只通过人物生物特征来判定目标任务是否为同一人物，难度很大，有时只能依靠一些模糊的衣着等属性来判定目标人物是否相同，在确认后才能进行合并。因此，数据质量会为标注工作造成一定的难度，具体包括如下。

- 人物形态。若视频中目标人物无正脸、遮挡严重、配饰时有时无，同时行走的姿态各异，就会为合并目标人物带来很大麻烦。图 7-38 所示是一个典型的目标人物无正脸且视频模糊的情况。由于目标人物没有正脸，因此只能根据男士穿白色鞋子、黑短裤来判断是否为同一个人。

图7-38　目标人物无正脸且视频模糊

- 采集数据时间较长，目标人物变化大。在视频采集过程中，目标人物会做出许多形态各异的动作，不同的动作容易让标注工程师混淆目标任务，从而增加了人物合并的难度，如图 7-39（a）~（c）所示。被标注人从推着自行车的状态，变为了骑行的状态，而后又变成了推车的状态。在这种情况下，标注工程师很容易漏标或错标，因此需要格外注意。

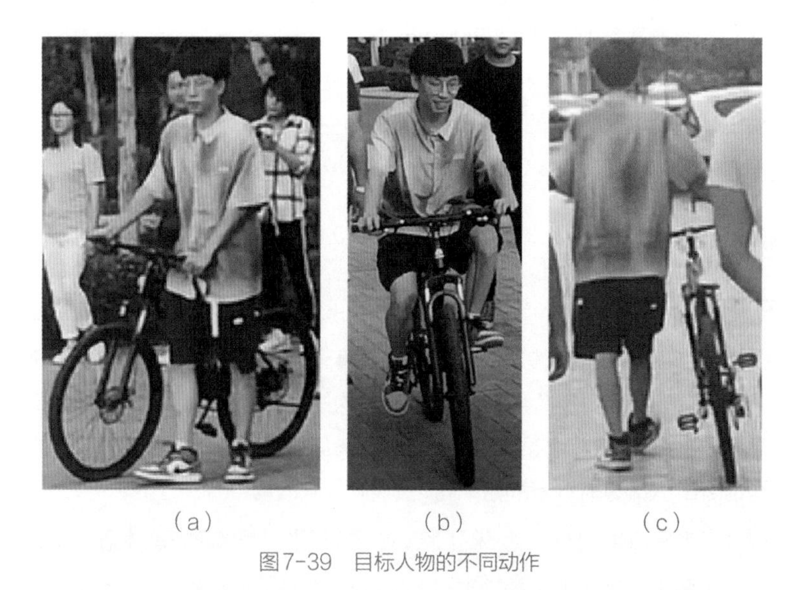

（a）　　（b）　　（c）

图7-39　目标人物的不同动作

- 光线变化。在光线变化的情况下采集的视频数据会对标注工程师判断目标人物产生很大影响，如逆光与背光的情况会导致标注工程师看不清目标人物特征，如图 7-40 所示。

图7-40　不同光线下采集的视频数据

2. 工具使用难点

在人流量较大的地方，比如公园、广场等，人流密集，采集的视频中目标人物众多，在标注的时候很容易出现漏掉目标人物的情况。人流密集的视频如图 7-41 所示。

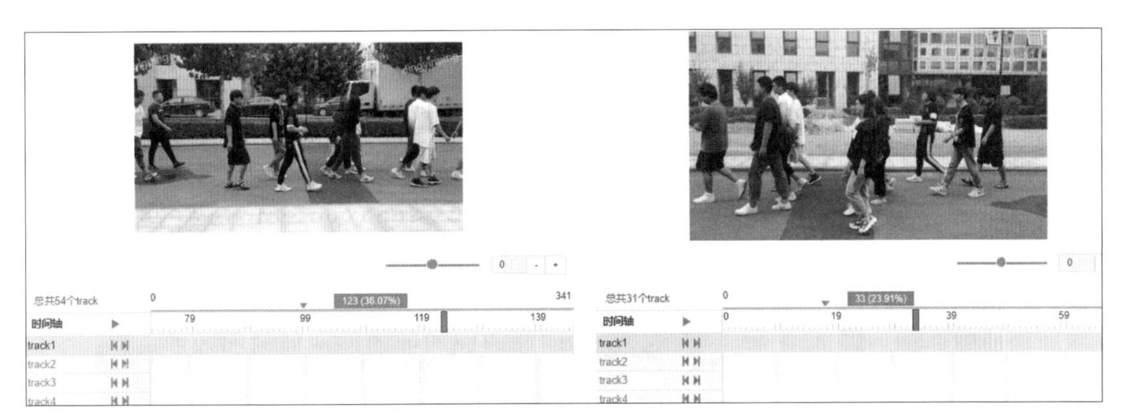

图7-41　人流密集的视频

3. 分裂框、跑框、跳框、错框情况

由于行人 ReID 合并标注工具主要针对计算机算法预标注的视频结果进行合并，因此在预标注算法中，会出现预标框不正确的情况。以下 4 种情况易被标注工程师忽略，因此要特别注意。

- 分裂框：在计算机算法进行预标注以后，有一些人物出于遮挡等原因没有被计算机合并为同一人物，导致同一个视频中目标人物在几个 track 都出现。在这种情况下要确保对目标人物出现的每一帧都进行合并，如图 7-42 所示。对于这种情况，处理办法是将不同的框合并即可。

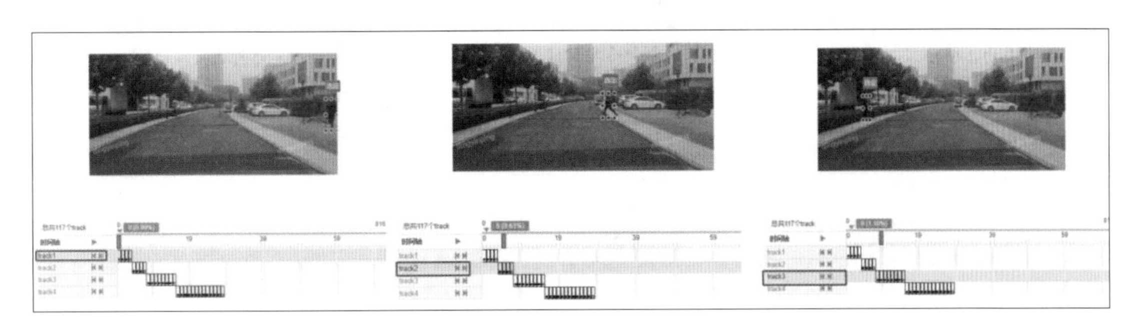

图7-42　分裂框

- 错框：预标注的框不在目标人物身上，原在目标人物 A 身上的预标框不再保留在原目标人物 A 身上了，在视频的某一帧中预标框跑到了另外一个目标人物 B 身上，并在之后一直保留在目标人物 B 身上，如图 7-43（a）~（c）所示。对于这种情况，不合并帧。错框的情形也较常见。错框的帧不需要合并，不影响 track 的整体标注。在使用行人重识别工具的过程中，一个必须要规避的情况是跑框。这种情况若不经标注工程师修正，会对使用此数据的算法与产品产生很大的影响。试想一下，计算机原本以 A 为目标人物，但是标注工程师没有纠正预标框跑到 B 人物身上的错误情况，计算机就会认为 A 人物和 B 人物是同一个人，进而无法进行后续的正确识别。因此一旦 track 是跑框后的结果，不可以对当前 track 进行合并。

（a）　（b）　（c）

图7-43　错框

- 跑框：同一个预标注框从目标人物 A 跑到目标人物 B 身上。对于这类情况，处理办法是不合并目标人物 B 所在 track，如图 7-44（a）~（c）所示。

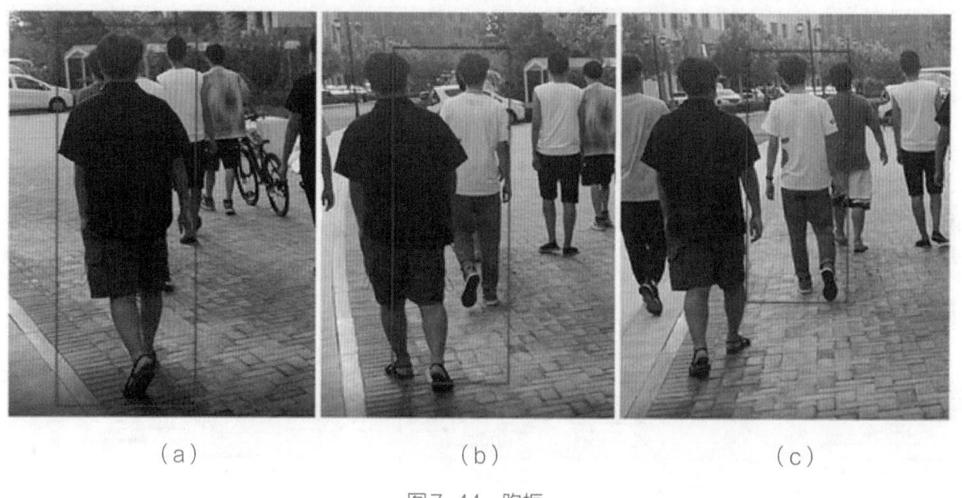

（a）　（b）　（c）

图7-44　跑框

- 跳框：同一个预标框从目标人物 A 跳到目标人物 B 身上，又从目标人物 B 身上跳到目标人物 A 身上。对于这种情况，不合并目标人物 B 所在 track，如图 7-45（a）~（c）所示。

（a）　（b）　（c）

图7-45　跳框

跳框与跑框造成的影响类似，一旦合并为同一目标人物，就会对使用此数据的算法造成非常大的影响。因此，处理上与跑框类似，一旦 track 是跑框后的结果，不对当前 track 进行合并。

7.2.4　生活中的应用

1. 园区安全管理

通过行人 ReID 合并标注工具对陌生人图像的处理，可从监控视频库里收集陌生人出现的视频片段，将其在各个摄像头采集的视频数据中的行动轨迹串联起来，帮助园区管理人员快速定位陌生人。图 7-46 所示是智能安防的具体应用场景。

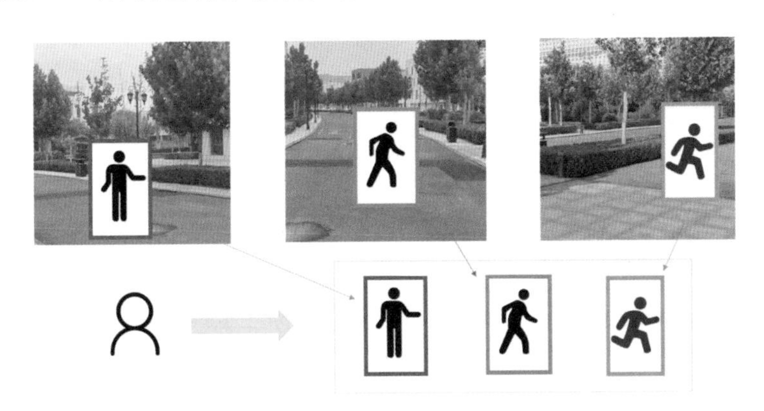

图7-46　智能安防的具体应用场景

2. 智能商业

通过顾客在商场内的行为轨迹了解用户的购买偏好，以便优化用户体验。使用行人 ReID 合并标注工具可以根据行人外观照片，实时动态监测用户行为轨迹，把用户轨迹转化成商场管理员需要掌握的信息，例如，用户在店里停留时间、购物路线、是否存在购买行为等，帮助商家优化商品摆放位置，提高客户购物满意度。

【思考与讨论】

行人 ReID 合并标注工具与一人所属照片清洗工具有什么关系?

7.2.5 行人重识别技术现状与发展

行人重识别是近年来计算机视觉领域中一个非常重要且热门的研究课题，由于在城市中真正投入使用的高清卡口摄像机数量有限，而标清摄像机的分辨率较低，通常无法得到高质量的人脸图片。为了满足必要的安防需求，在人脸识别失效的情况下，行人 ReID 合并标注工具便成为至关重要的检测替代工具。

行人 ReID 合并标注的实现分 3 个步骤。第一步，将采集回来的数据回流到服务器中，利用计算机进行结构化视频处理。第二步，根据算法逐帧检测视频中涉及的元素，主要包括人、人脸、非机动车、非机动车牌照、机动车以及机动车牌照 6 部分，本章着重介绍的是与人物相关的行人 ReID 合并标注工具，也就是前文所说的行人重识别工具。第三步，按照上一步中的检测结果对视频进行预处理，将不同的人物用不同的轨迹表示，方便后续用行人 ReID 合并标注工具识别。由于视频体量较大，在计算机进行视频预处理时常出现错框等情况，干扰数据的有效性，因此数据标注工程师后续对图像数据的纠正与合并起到了关键性的作用。

7.2.6 小结

本章重点介绍了标注工具使用方法、标注的难点，以及行人 ReID 合并标注技术在生活中的应用。在进行行人 ReID 合并标注的过程中，请标注工程师认真处理好分裂框、跑框、跳框以及错框的情况。在分裂框出现时，要正常进行合并标注；在错框出现时，不要将错框的帧合并；在跑框和跳框的情况下，不要将出现跳框与跑框情况的 track 进行合并。在标注的过程中，需要合理地安排标注的顺序与逻辑，这样才能保证标注工程师可以按时、高效地完成标注任务。

参考资料

Grelotti，D；Gauthier，I；Schultz，R. Social interest and the development of cortical face specialization：What autism teaches us about face processing. *Developmental Psychobiology*. 40（3）: 213–235.

第8章

其他标注工具

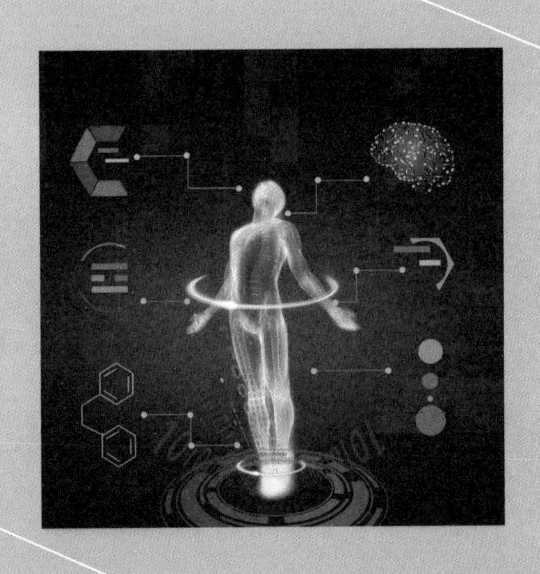

2020 年，新型冠状病毒疫情给全世界的国家或地区带来了影响，人类第一次大规模利用以 AI 为代表的新技术来迎战突如其来的病毒。在这场没有硝烟的战争中，AI 技术从病毒分析、疫苗开发、药物研发，到诊断辅助、AI 消毒、大数据分析等领域都发挥了显著的作用。在计算机视觉方面，AI 测温更是在抗疫过程中大显身手，有效地解决了在开放场所下人员测温的问题。

传统的红外测温技术无法有效提取人体额头的温度，而 AI 测温技术可以根据疑似发烧者的身体、脸部信息，通过 AI 技术，精确地定位、测温，辅助各类高密度人流场景下的工作人员快速定位体温异常者。而在川流不息的人群中，对人员进行检测定位便是通过“视频人脸 8 点”这个标注工具辅助完成的。

8.1 视频人脸 8 点

人脸识别包含人脸检测与属性分析、人脸对比、人脸搜索、活体检测等，这是基于人的脸部特征信息进行身份识别的一种生物识别技术，可灵活应用于金融、安防、零售等行业，满足身份核验、人脸考勤、闸机通行等业务需求。其中，视频人脸 8 点工具根据输入的人脸图像，识别面部关键特征点，如眼睛、鼻尖、嘴角、眉毛以及人脸各部位的轮廓等具体坐标，标注顺序与人脸 8 点工具一样。人脸图像和特征点如图 8-1 所示。

（a）人脸图像

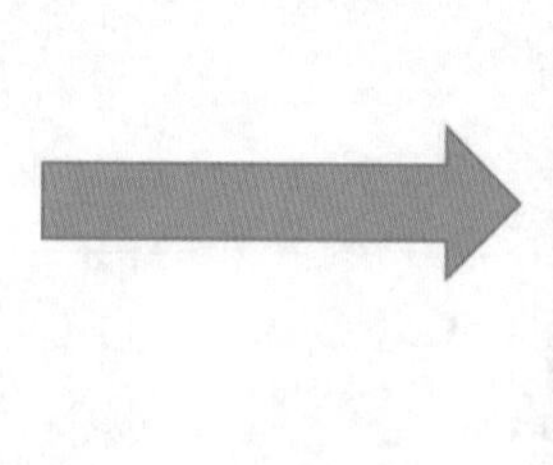

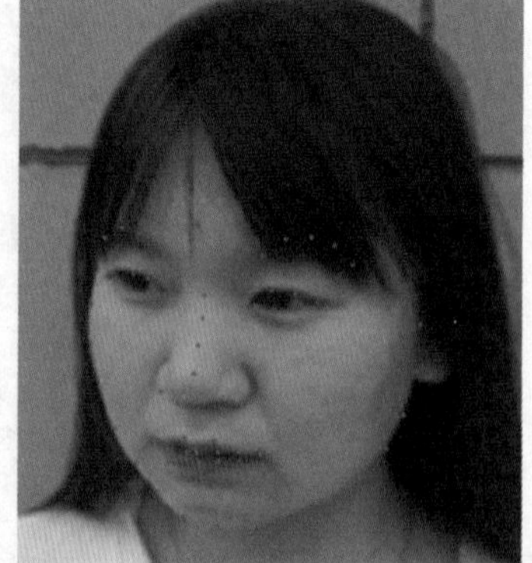
（b）特征点

图8-1 人脸图像和特征点

8.1.1 视频人脸 8 点工具介绍

在登录旷视 Data++ 数据标注平台后，在左侧的菜单栏中单击“标注”，界面右侧会显示出我们可以进行标注的项目列表，找到“视频人脸 8 点”项目，单击该行最右侧的“开始标注”按钮（见图 8-2），就可以进入工具的标注界面。

反馈

标注工作
标注
检查
抽查
我的工作量
我的工作量(新
试标任务
标注文档
工作管理
任务池管理
成员工作量
工作量统计(新
被验收驳回
成员管理
成员管理
小组管理
邀请注册

刷新

工作流ID	工作流名称	任务池名称	标注类型	待标注数量	标注中数量	其他	操作
	一人所属照片清洗	一人所属照片清洗	识别 - 一人所属照片清洗	4	0	0	开始标注
	人体骨骼点	人体骨骼点	通用工具 - 点+属性	508	0	0	开始标注
	人脸8点	r人脸8点	检测 - 人脸8点	324	0	0	开始标注
	精细抠图	精细抠图	精细分割标注	85	0	0	开始标注
	3D Pose	人脸3D Pose	属性 - 人脸3D朝向	341	1	0	继续标注
	视频人脸8点	视频人脸8点	跟踪 - 视频人脸8点	2	0	0	开始标注
	多边形+属性	多边形+属性	通用工具 - 多边形+属性	195	0	0	开始标注
	属性标注	属性标注	通用工具 - 属性标注	116	0	0	开始标注
	手部关键点	手部关键点21点	通用工具 - 点+属性	3	0	0	开始标注
	框+属性	框+属性	通用工具 - 框+属性	145	0	0	开始标注

共 18 条 < 1 2 >

图 8-2 找到“视频人脸 8 点”项目并单击“开始标注”按钮

本章介绍的视频人脸 8 点标注工具用于将每一帧图片连接起来，在变成动态视频再对其进行标注。我们只需对每一帧的人脸进行 8 点标注及属性选择，与前文介绍的人脸 8 点标注工具的区别就是增加了属性选择这一步骤，具体 8 点的标注方式是相同的。在进行视频人脸 8 点标注时，随着每一帧的变化，都会呈现出新的人脸并计算机预标好的 8 个点，以供标注工程师核查是否准确。标注工程师只需将每一帧出现的人脸 8 点通过正确的方式移动或重新标注至正确状态即可。图 8-3 所示是视频人脸 8 点工具的操作界面。

同第 7 章介绍的行人重识别（ReID）工具一样，视频人脸 8 点工具也包含了视频里常见的关键帧、非关键帧，以及 track 等信息，具体介绍如下。

- 关键帧：对这类帧进行操作，包含移动框、变更属性。
- 非关键帧：不对这类帧进行操作，包含移动框、变更属性。
- 起始帧：目标人物每次出现的第一帧。
- 结束帧：目标人物每次出现的最后一帧。

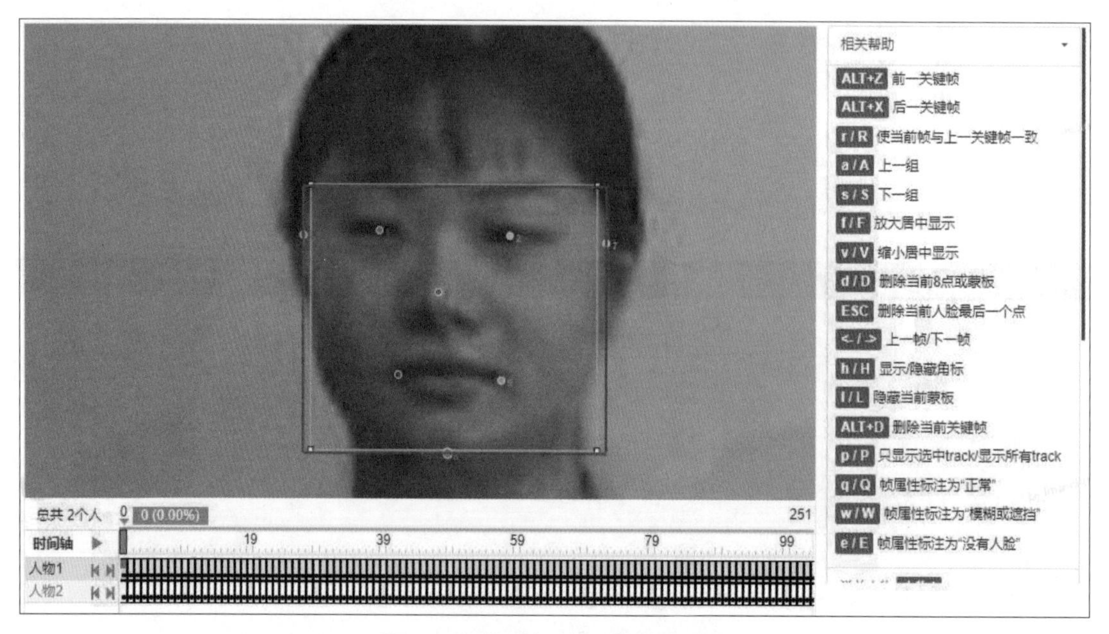

图8-3 视频人脸8点工具的操作界面

- track：轨迹，可以理解为目标。
- 时间轴：从时间角度确认帧数。

在用视频人脸 8 点工具进行标注操作时，还显示了当前人物，如图 8-4 所示。

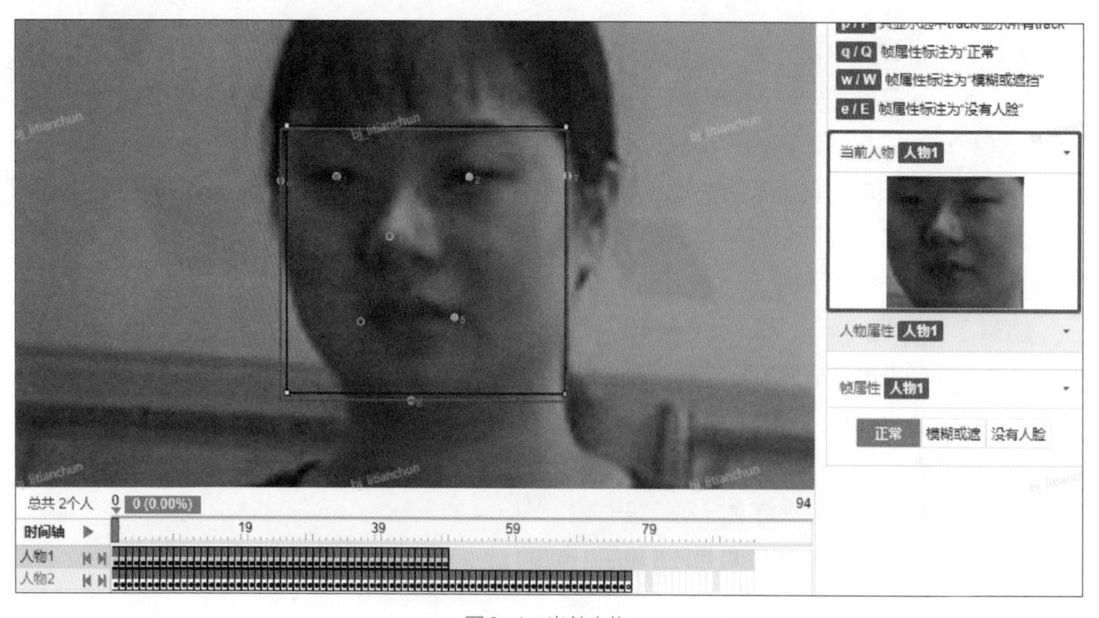

图8-4 当前人物

另外，视频人脸 8 点工具还可用于对人物属性的描述，“帧属性”分为“正常”“模糊或遮挡”，以及“没有人脸”3 个不同的属性，如图 8-5 所示。

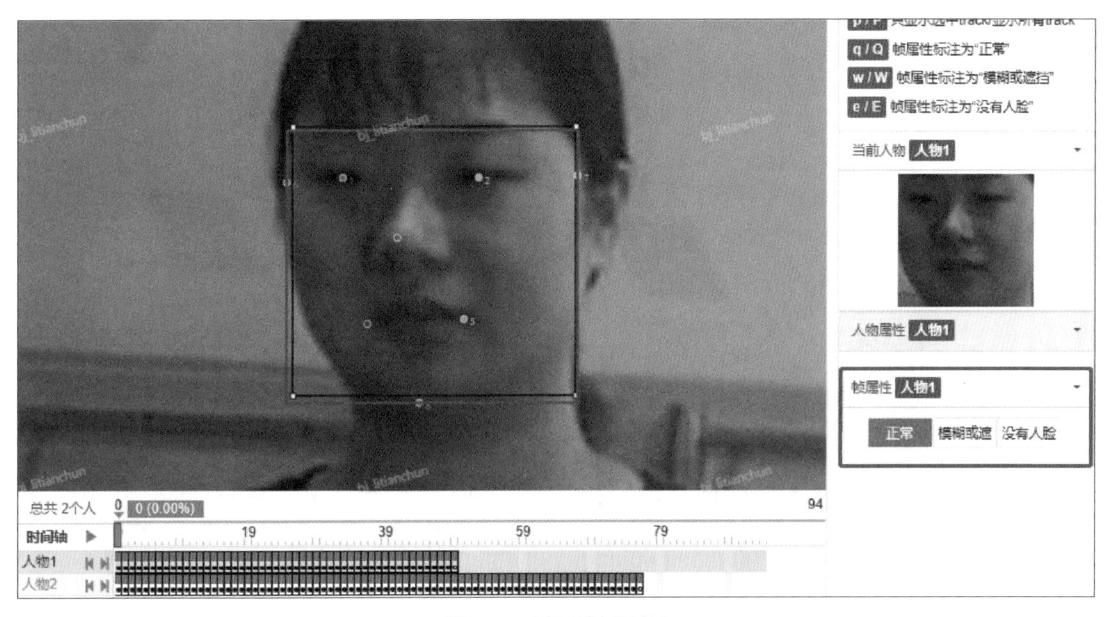

图8-5　人物属性的描述

- 正常：在人脸正常无遮挡或不模糊的情况下，标注工程师需要正常标注 8 点。
- 模糊或者遮挡：用蒙版。
- 没有人脸：不用对图像标注。

8.1.2　标注方法

视频人脸 8 点工具的标注方法与人脸 8 点工具基本相同，不同的是需要在一个界面中对每一帧中有预标框的人脸进行标注。本节介绍具体标注流程。

1. 标注流程

对视频中每一帧进行有顺序的 8 点标注，在脸部截断、戴口罩和戴脸基尼的情况下，进行合理推测性标注。当前一帧与后一帧的点位置相似时，可以按快捷键 R 进行该点位置的复制标注，再根据具体点的位置进行微调，提高标注效率。

2. 蒙版标注

若脸部五官轮廓模糊，如图 8-6 所示，无法分辨图片中目标人物的五官的具体位置，用红色框标注为蒙版。

图8-6　在人脸模糊的情况下使用蒙版标注

若侧脸的角度超过 90°，且第 5、7（或第 4、6）点中有一个不可见，如图 8-7 所示，图片中只能看见目标人物的一个嘴角，目标人物脸的另一侧看不见，用红色框标注为蒙版。

图8-7　在侧脸超过 90°的情况下使用蒙版标注

若佩戴了遮挡住全脸的面具，如图 8-8 所示，图片中的目标人物戴了脸基尼，这种佩戴面具的人脸图片也标注为蒙版。

图8-8　在戴面具的情况下使用蒙版标注

蒙版标注的区域为上到眉毛，下到下巴，左右到脸部轮廓边缘。

方法一如下。

（1）按 T 键切换框模式为蒙版模式。

（2）移动光标至待标注蒙版人脸的左上角，按住鼠标左键将光标拖动到待标注蒙版人脸的右下角，松开鼠标左键即可。

方法二如下。

（1）在脸部合理区域（上到眉毛，下到下巴，左右到脸部轮廓边缘）单击 8 个点。

（2）按 M 键把标注好的 8 个点自动转化成蒙版。

8.1.3　生活中的应用

1. 旷视明骥智能体温筛查联动系统

据了解，当前市面上的测温产品通常只能通过浅色系为低温状态、深色系为高温状态的方式来表示温度的高低，且要求人们逐一通过才能显现热成像数值，测温效率较低。此外，一般的红外温度探测器虽然具有非接触的优点，但是对环境和距离都很敏感，测温精度受外界影响较大。双光融合温度检测虽提升了检测效率，但本质上仍然通过红外技术测温，没有彻底解决单红外测温对外部环境、测温距离较敏感等问题，无法确保测温的精准度，更没有进一步实现对人脸、人体的抓拍以及温度标定，不方便归档（以便事后查看），没有实现检测智能化。体温枪测温如图 8-9 所示。

图8-9　体温枪测温

基于此，旷视推出了明骥 AI 智能测温系统。该系统嵌入了人工智能算法，结合红外热成像技术，可区分测温对象是人和物，进一步精确定位到人的额头、耳朵等适合测温的区域，且支持中、远多段距离测温，误差在 ±0.3℃以内，戴着口罩、帽子等也不影响测温精准度。明骥 AI 智能测温系统如图 8-10 所示。

明骥 AI 智能测温系统利用了本节所介绍的视频人脸 8 点工具标注的数据。计算机通过人工智能算法对人物面部关键点进行精准定位、实现关键点监测等功能，不仅提高了智能测温导流的采集效率，还保障了采集结果的精准度。

2. 娱乐互动

基于视频人脸 8 点工具识别的关键点，把对人脸五官及轮廓自动精准定位的人工智能算法应用到一些智能设备上，如一些智能手机可自定义地对人脸特定位置进行修饰、美颜，同时获取表情等通过人脸显示的信息，在手机上实现特效相机、动态贴纸等互动功能。例如，对于直播平台，为了提高用户的参与感与体验度，可基于关键点分析，在直播时增加道具、特效等互动形式，丰富参与者的娱乐体验。智能手机上的美颜特效相机如图 8-11 所示。

图8-10　明骥AI智能测温系统

图8-11　智能手机上的美颜特效相机

8.1.4 视频人脸 8 点工具的现状与发展

视频人脸 8 点工具用于计算机视觉中的人脸识别阶段。它的工作原理如下。

首先将视频数据导入计算机检测器中，检测器“抠出”数据中所有的人物图像，形成目标数据。之后目标数据会通过 post-filter 模型，剔除所有不符合要求的图像，例如非人脸、人脸缺失、模糊等的图像。最后利用 landmark 模型，在图像中的人脸上标注关键点，通过标注好的 8 个点，由计算机算法自动生成一个矩形框，计算机可以通过矩形框的位置来检测图像中人脸的具体位置。

知识拓展

landmark 模型仅对目标人或物的关键特征点的坐标进行定位，这些关键点称为 landmark。选定特征点个数，并生成包含特征点的标签训练集，利用神经网络输出脸部关键特征点的位置。

本节所介绍的视频人脸 8 点工具就在人脸 8 点工具的基础上，通过增加人物轨迹，来实现人物面部的定位和跟踪。一旦明确了人物的轨迹，只需要利用该人物的一张图像便可完成人物的识别。由于通过视频采集的图像数据通常较模糊，增加了标注工程师的工作难度，对于模糊的图像，数据标注工程师有可能会标注不准确。为此，算法工程师针对刚体增加离群点判定算法，也就是将人脸 8 点工具中与实际情况偏差过大的点采用算法判断出具体位置，在标注的图像上将标注误差过大的点剔除，使标注的图像数据更加精准，进而利于后续的算法训练。

知识拓展

刚体是指在运动中和受力后，形状和大小不变，而且内部各点的相对位置不变的物体。绝对刚体实际上是不存在的，只是一种理想模型，因为任何物体在受力后，都或多或少地产生变形，如果变形的程度相对于物体本身几何尺寸来说极微小，在研究物体运动时这种变形就可以忽略不计，即可以将其看作刚体。本节中，我们把人体面部看作刚体，把人体骨骼看作非刚体。

视频人脸 8 点工具的标注方法与人脸 8 点工具类似类似，由于视频数据量较大，标注工程师在用视频人脸 8 点工具标注的过程中，可以利用 R 键快速复制上一帧中标注的点，同时对不准确的点进行微调，减少重复操作的时间。

8.1.5 小结

通过对上面知识的学习，我们知道了用视频人脸 8 点工具标注的数据与我们的生活息息相关。同时我们也学习了视频人脸 8 点工具的标注方法和注意事项，与人脸 8 点工具的标注规则相似，我们需要对视频中的人脸进行顺序标注。注意，在 8 点标注结束后，我们需要对本帧属性进行选择。当前、后两帧中人物的面部姿态相同时，可通过 R 键对所标注的 8 点进行快速复制，完成本帧标注。

3D 视觉技术的实现原理是计算机通过人工智能先进行人脸检测，在一张图片中找到所有的人脸，其中利用的 MTCNN（多任务级联卷积神经网络）人脸检测算法更有效地解决了传统算法在光线环境、人脸朝向、检测耗时方面的问题。其次进行活体检测，在生物识别系统中，为防止恶意者伪造和窃取他人的生物特征用于身份认证，生物识别系统需具有活体检测功能，即判断提交的生物特征是否来自有生命的个体。最后进行人脸建模，即根据输入的人脸图像，如眼睛、鼻尖、嘴角点、眉毛以及人脸其他部位的轮廓点等，自动定位出面部关键特征点。在进行人脸建模时就需要用到 3D 人脸朝向工具，3D 人脸朝向相比传统的 2D，结果会更加的精确，计算机视觉利用这样的建模可以提升人脸识别能力。

3D 人脸建模逐渐应用到人脸识别领域。从技术发展趋势来看，越来越多的研究机构开始进行更深入的研究，以寻求更好、更新的人脸识别技术；从市场趋势来看，随着高科技信息技术的快速发展，未来人脸识别技术将逐渐向市场化、产品化的方向发展，人脸识别产品在行业中的应用将越来越多。

8.2 人脸 3D 朝向

8.2.1 人脸 3D 朝向工具

人脸 3D 朝向工具采用“主动形状模型”确定人脸面部轮廓的特征点，使其能够代替面部其他器官的特征点，降低光照以及人脸姿态变化等因素的影响，进行 3D 人脸模型重建，清晰描述人脸曲面信息。例如，一组图片中会给出一张真实的人脸朝向照片和一个 3D 人脸模型，要求根据真实人脸的朝向调整 3D 模型，使其与照片中人脸的朝向相同。

在实际人脸的 3D 朝向标注操作（见图 8-12）中，需要根据照片中人脸的五官、轮廓等特征推断人脸偏移角度，从而进行模型方位调整。

图8-12　人脸3D朝向标注操作

8.2.2　人脸3D朝向工具介绍

在登录旷视 Data++ 数据标注平台上后，在左侧的菜单栏中单击“标注”一项，界面右侧会显示出我们可以进行标注的项目列表，在“标注类型”列中找到“属性 - 人脸 3D 朝向”，单击该行最右侧的“开始标注”按钮（见图 8-13），就可以进入工具的标注页面。

反馈

标注工作
标注
检查
抽查
我的工作量
我的工作量(新
试标任务
标注文档
工作管理
任务池管理
成员工作量
工作量统计(新
被驳收驳回
成员管理
成员管理
小组管理
邀请注册

刷新

工作流ID	工作流名称	任务池名称	标注类型	待标注数量	标注中数量	其他	操作
[illegible]	一人所属照片清洗	一人所属照片清洗	识别 - 一人所属照片清洗	4	0	0	开始标注
[illegible]	人体骨骼点	人体骨骼点	通用工具 - 点+属性	508	0	0	开始标注
[illegible]	人脸8点	r人脸8点	检测 - 人脸8点	324	0	0	开始标注
[illegible]	精细抠图	精细抠图	精细分割标注	85	0	0	开始标注
[illegible]	3D Pose	人脸3D Pose	属性 - 人脸3D朝向	341	1	0	继续标注
[illegible]	视频人脸8点	视频人脸8点	跟踪 - 视频人脸8点	2	0	0	开始标注
[illegible]	多边形+属性	多边形+属性	通用工具 - 多边形+属性	195	0	0	开始标注
[illegible]	属性标注	属性标注	通用工具 - 属性标注	116	0	0	开始标注
[illegible]	手部关键点	手部关键点21点	通用工具 - 点+属性	3	0	0	开始标注
[illegible]	框+属性	框+属性	通用工具 - 框+属性	145	0	0	开始标注

共 18 条　〈　1　2　〉

图8-13　找到“属性 - 人脸3D朝向”并单击“开始标注”按钮

在旷视 Data++ 数据标注平台上，人脸 3D 朝向标注工具的界面如图 8-14 所示。界面左边是数据标注工程师需要标注的对象，进行标注时需要使用功能键使左边的图片中人脸 3D 模型的角度和真实人脸的角度一致。

图 8-14　人脸 3D 朝向标注工具的界面

8.2.3　标注方法

3DPose 的标注目的是将 3D 模型的朝向与图片中显示的人脸真实朝向调节至相同方向。在标注过程中，标注工程师需将 3D 模型和真实人脸照片调整到合适的大小和方位，以便于进行比较和调整。用鼠标滚轮调节真实人脸图片的大小，按 Shift 键同时滑动滚轮可以调节 3D 模型的大小，按 Shift 键同时按住滚轮可以拖动真实人脸图片，并移动到一个新位置。

我们通过观察真实人脸图片初步判断人脸偏移的角度，运用键盘上的 Q、W、E、A、S、D 这几个键调整 3D 模型人脸的角度。

- W/S 键：上下旋转模型。
- A/D 键：左右旋转模型。

- Q/E 键：顺、逆时针旋转模型。

接下来，介绍常用的标注方法。

首先，合理使用 3D 人脸模型上的十字线，辅助我们对比 3D 模型和真实人脸图片，从而寻找更合适的角度，如图 8-15 所示。

图8-15　通过十字线辅助对比

如图 8-16 所示，十字线的延长线连接了 3D 人脸模型的两内眼角，因此我们可以通过这条横线与真实人脸进行比对，找到相同的位置与朝向。在确定了模型的具体位置后，我们可以将真实人脸移至模型处，通过快捷键调整 3D 人脸模型的角度，确保横线可以横跨真实人脸两内眼角连线。

图8-16　通过横线与真实人脸进行比对

在标注中，我们需要想象人像的方位。与使用横线相同，我们需要根据真实人脸面部朝向及五官位置，仿照 3D 人脸模型中的十字线描绘真实人脸的竖线，调整 3D 人脸模型的角度使两条竖线尽量平行，如图 8-17 所示。

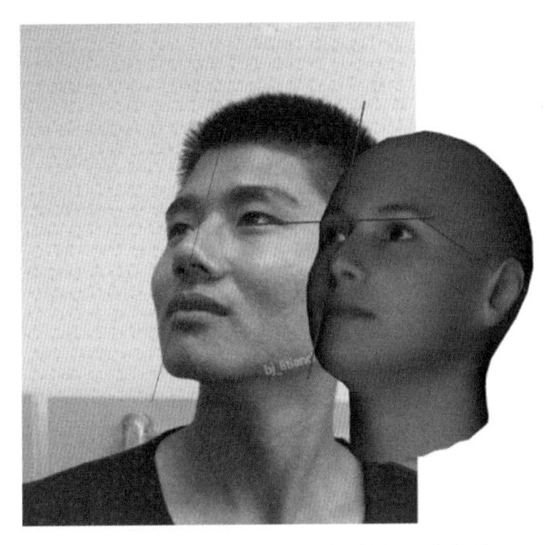

图 8-17　调整 3D 人脸模型的角度

然后，使用旷视 Data++ 标注平台提供的模型三维网状视图，在标注过程中按键盘上的 T 键，可以将 3D 人脸模型切换成三维网状（见图 8-18），在图片上单击并按住鼠标左键对图片进行拖曳，使 3D 人脸模型和真实人脸照片重叠在一起并进行比对（真实人脸和 3D 人脸模型的大小要基本一致），从而更精准地调整角度，确保真实人脸与 3D 人脸模型的朝向一致。

图 8-18　将 3D 人脸模型切换成三维网状模型

对于 3D 人脸朝向工具，最重要的就是 W/S、A/D、Q/E 键的配合使用，所以在标注的过程中要牢记 6 个键的旋转方向，做到不看键盘，灵活进行模型的旋转调整。

3D 人脸朝向工具的快捷键如图 8-19 所示。

快捷键	W/S	A/D	Q/E	Shift+滚轮	T
对应功能	上下旋转模型	左右旋转模型	顺、逆时针旋转模型	修改模型大小	切换透明网状模型与实体模型

图8-19　人脸3D朝向工具的快捷键

8.2.4　标注难点

在使用人脸 3D 朝向工具的时候，大多数标注师由于缺乏空间想象能力，无法将 3D 人脸模型调整成和真实人脸一致的角度，所以在标注中对于三维空间想象能力要求更高。

人脸 3D 朝向工具涉及的旋转、辅助调整的操作很多，所以在标注的时候要灵活使用快捷键。

8.2.5　生活中的应用

3D 人脸朝向工具可以应用于人脸建模（根据真实图片建立 3D 虚拟形象）、人造蜡像（做到人和蜡像 1:1，完美复制真实人体特征）。

1. 人脸建模

在虚拟社交 App 中，用户可以通过肖像照一键生成相似且美观的 3D 虚拟形象，进行虚拟形象展示，让虚拟社交变得更加有趣，如图 8-20 所示。

2. 人造蜡像

通过 3D 人脸重建得到真实头部的精确度为 99% 的立体数据，这些数据包括头部轮廓、面部曲线率、皮肤状况等。在上述数据被真实还原后，蜡像工程师可以制作出更加逼真的蜡像。

【思考与讨论】

3D 人脸识别相比传统的 2D 人脸识别的优势在哪里?

图8-20　3D虚拟形象

8.2.6 人脸3D朝向工具现状与展望

人脸朝向识别是一种基于可见光图像，利用人脸面部中间基准线在其平面中的指向检测人脸朝向的技术。目前该识别技术主要解决的是在不同条件下的人脸朝向问题。通俗来讲，在三维角度下人脸会存在 3 种状态——人脸绕 x 轴旋转（pitch），人脸绕 y 轴旋转（yaw），人脸绕 z 轴旋转（roll）。在计算机视觉进行过人脸检测后，会对检测到的目标人脸进一步筛选，由于 Pitch 和 Yaw 状态下的人脸角度算法识别能力有限，因此在筛选过程中对这两种状态进行数据剔除。

其实 Pitch、Yaw 和 Roll 的概念来自航天学中的机体坐标系，对应的角度分别为俯仰角、偏航角和滚转角。由于机体与人脸的转动方向大致相同，人的头部也可以围绕颈部进行前后、左右以及上下转动，因此这一概念目前在人脸识别中有着广泛的应用，如图 8-21 所示。

人脸朝向识别常用于智能手机的桌面解锁、旋转操作面板等，会给用户有别于重力感应的更好的用户体验。细心的读者会发现，在门禁面板机中，人脸朝向技术也有着大量应用。例如，在人们通过刷脸的方式进入指定场所时，门禁系统有的时候会提示用户需正视摄像头，方可进一步解锁门禁。在这个过程中，区分人脸朝向的算法便是由人脸朝向工具标注的数据进行支撑的。

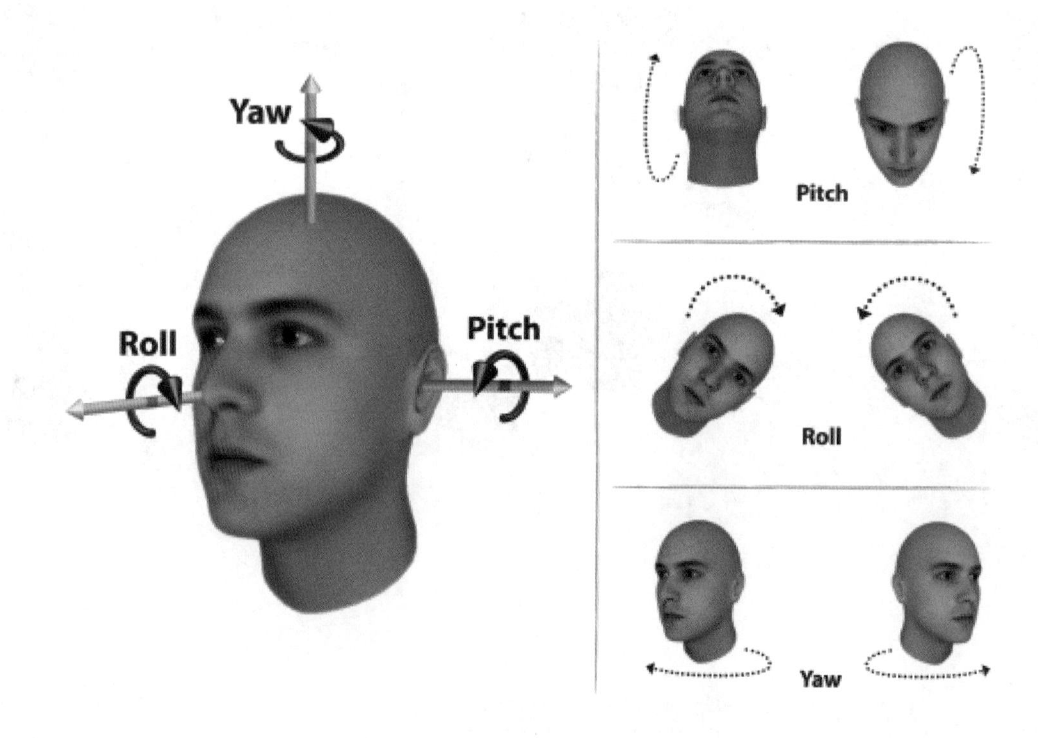

图8-21 Pitch、Yaw和Roll

现阶段人脸朝向识别技术仍需要以清晰人脸为基础，人脸模糊、变形，人脸图像像素过低等干扰因素均有可能降低人脸朝向识别的准确度。同时，目前在手机、导航、暗光等环境下还主要依靠重力系统来进行重力旋转器旋转，而非利用人脸朝向自动旋转。因此在未来，人脸朝向技术的可发展空间仍然很广阔。

由于人脸朝向标注需要数据标注工程师具备良好的空间立体感，而且这种立体感并不是可以瞬间建立起来的，因此项目参与人员在与 3DPose 相关的项目启动前，通常要进行 3DPose 工具的操作测试，测试通过者方可具备项目承接能力。我们惊喜地发现，一些一开始不熟悉人脸朝向标注的读者通过认真的学习，以及 5 小时以上真实项目数据标注的训练，会取得很好的效果。这与辅助线与快捷键的熟悉使用是密不可分的。因此希望刚接触人脸朝向工具并一筹莫展的读者不要气馁，只要做到熟能生巧，就可以变成一名优秀的人脸朝向数据标注工程师。

8.2.7 小结

本节重点介绍了 3D 人脸朝向工具在日常生活中的应用及其使用方法。这些内容拓宽了我们的知识层面——人脸识别不仅仅局限于2D层面，运用3D人脸朝向工具会使人脸识别的结果更加精确。我们熟知的蜡像制作也源于3D人脸朝向工具。“授之以鱼，不如授之以渔”，关于3D人脸朝向工具的标注方法，我们要熟练掌握快捷键的使用，了解这些应用背后的工具原理能更好地帮助我们了解人工智能行业，为这个行业做出自己的贡献。

知识拓展

如今科幻电影越来越受年轻人的喜爱，演员所扮演的角色外形通常会显得格外夸张，那么镜头前体态正常的演员们是如何变成电影里身形奇特的电影角色的呢？除了一些电影专用的拍摄道具之外，还要用到“人像抠图”技术。

在影视制作过程中，人像抠图技术是非常普遍的技术之一。电影中的大部分场景在现实生活中通常难以呈现，比如高空搏斗、跳崖等桥段都利用人像抠图技术后期制作合成。抠图技术的实施首先需要在室内搭建绿幕背景，以拍摄相应人物表演情景，然后在影视后期处理部分将绿幕背景用合成图像代替，最终形成一套完美的科幻巨制。

8.3 精细分割

精细分割为图像语义分割（semantic segmentation）的一类。图像语义分割是机器视觉技术中关于图像理解的重要一环，旨在让计算机根据对图像内容的理解来对图像进行像素级别的分类，从而可以从像素的角度分割出图片中的不同类别对象。图像语义分割常用于人像和物体分割。本章着重介绍人像抠图，重点对于图像中的人像及其背景区域进行分类。实际生活中，拍摄的图像所呈现的人物边缘易模糊，动作复杂多变，都为标注带来了一定的困难。

8.3.1 人像抠图工具介绍

与第5章介绍过的通用标注工具相比，人像抠图工具最大的特点是拥有极高的标注精确度——像素级标注，可以从根本上解决之前遇到的所有边缘不贴合、背景信息过多等问题。

知识拓展

日常生活中所看到的图像其实都是由一个一个的小方格组成的，这些构成整个图像的小方格就称为“像素”。每一个像素都有自己固定的位置和色彩数值，所以每一个像素都是图像中不可分割的一部分。不可分割不仅说明了像素的重要性，还说明了像素是构成图像的最小单位。每个像素的颜色都是固定且单一的，每张图像包含了若干像素，像素的位置和颜色就决定了这张图像整体所呈现出来的样子，如图 8-22 所示。

图8-22 图像中的像素

在登录 Data++ 数据标注平台后，在左侧的菜单栏中单击“标注”，界面右侧会显示出我们可以进行标注的项目列表，找到“精细抠图”项目，单击该行最右侧的“开始标注”按钮（见图 8-23），就可以进入工具的标注页面。

图 8-24（a）为需要标注的图片，图 8-24（b）是工具的一些快捷键说明。在标注时需要根据左侧图片的内容，对需要标注的人体及附属品区域进行涂色标注。

在开始标注之前，需要在右侧界面内的“画笔颜色”处，单击对应的按钮来新建标注图层。

反馈

标注工作
标注
检查
抽查
我的工作量
我的工作量(新
试标任务
标注文档
工作管理
任务池管理
成员工作量
工作量统计(新
被验收驳回
成员管理
成员管理
小组管理
邀请注册

刷新

工作流ID	工作流名称	任务池名称	标注类型	待标注数量	标注中数量	其他	操作
[illegible]	一人所属照片清洗	一人所属照片清洗	识别 - 一人所属照片清洗	4	0	0	开始标注
[illegible]	人体骨骼点	人体骨骼点	通用工具 - 点+属性	508	0	0	开始标注
[illegible]	人脸8点	r人脸8点	检测 - 人脸8点	324	0	0	开始标注
[illegible]	精细抠图	精细抠图	精细分割标注	85	0	0	开始标注
[illegible]	3D Pose	人脸3D Pose	属性 - 人脸3D朝向	341	1	0	继续标注
[illegible]	视频人脸8点	视频人脸8点	跟踪 - 视频人脸8点	2	0	0	开始标注
[illegible]	多边形+属性	多边形+属性	通用工具 - 多边形+属性	195	0	0	开始标注
[illegible]	属性标注	属性标注	通用工具 - 属性标注	116	0	0	开始标注
[illegible]	手部关键点	手部关键点21点	通用工具 - 点+属性	3	0	0	开始标注
[illegible]	框+属性	框+属性	通用工具 - 框+属性	145	0	0	开始标注

共 18 条　<　1　2　>

图 8-23　精细分割标注界面

（a）　　　　　　　　　　（b）

图 8-24　需要标注的图片和工具的快捷键说明

新建标注图层后，单击下方的人体图层选中待标注人物，就可以开始对该人物进行标注了，如图 8-25 所示。

通过按住鼠标左键并拖动鼠标指针，可以在图片上添加标注区域。通过按住鼠标右键并拖动鼠标指针，可以删除不想要的标注区域。

图8-25　确认待标注人物

8.3.2　标注方法

首先，根据图片中的内容确定目标人物，并新建对应标注图层，熟读工具文档，明确每种图层的条件要求，如对焦图层的标注条件为“目标人物为整张图中离拍摄镜头最近的人物（或之一）”等。在新建标注图层时，需要仔细观察对应的目标人物，了解每个人物在图中所处的位置以建立正确的图层。

然后，对图像中所示的主要人物进行标注。对焦人物为最前方的主体人物，其后方为远景人物；小于主体人物 1/3 的为背景人物，不需要标注。

每个层次的人物处于同一个图层。若远景人物有两个，需要全部标注为“远景人体 _1”。该工具所涉及的图片基本上是双人的，这就意味着可能出现多种“需要将两个人物标为同一个图层”的情况，因此前面第一个人和与其有直接的身体接触或者完全并排站立的人物标绿，后面的所有人都标红。除非两个人并排站立，否则直接将最前面的人标绿色，如图 8-26 所示，后面其他人标红色。

接下来，在图片中基于新建好的标注图层对目标人物进行轮廓标注，在标注的过程中需要适当放大图片，保证标注结果的外侧边缘轮廓和人物实际的外侧边缘轮廓的误差在一像素之内，并切换查看模式（原图模式、前景模式等）。对于不易辨认的边缘处进行查看，如模糊、重影等，保证标注的边缘是正确合理的。

图8-26　人物并排站立时的标注效果

- 原图模式：用于查看边缘是否有少标注的情况，如图 8-27 和图 8-28 所示。

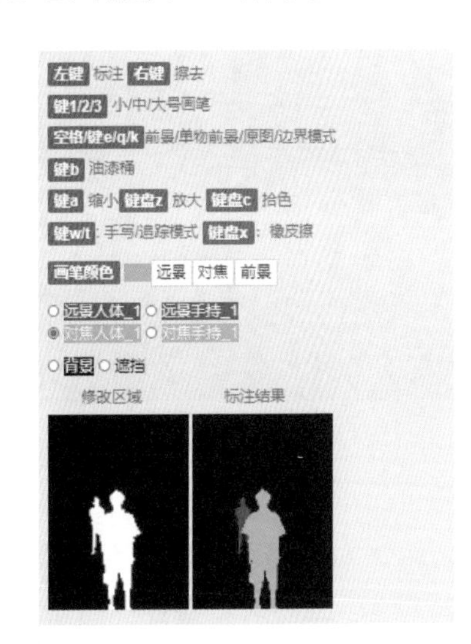

图8-27　原图模式

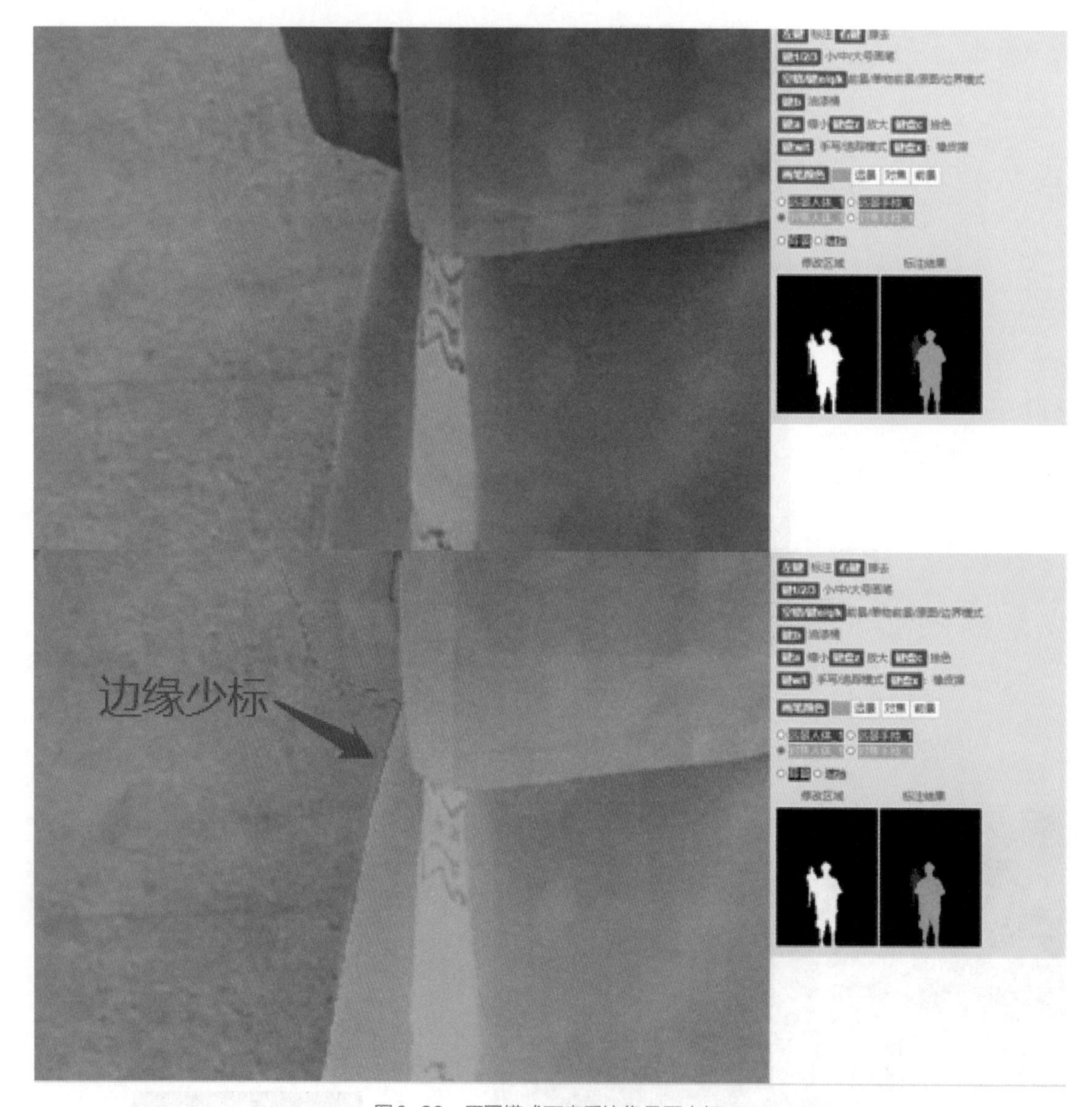

图8-28　原图模式下查看边缘是否少标

- 前景模式：用于查看边缘是否有多标注的情况，如图 8-29 和图 8-30 所示。
- 单物前景模式：查看相邻图层的边缘是否有不贴合的情况，如图 8-31 和图 8-32 所示。

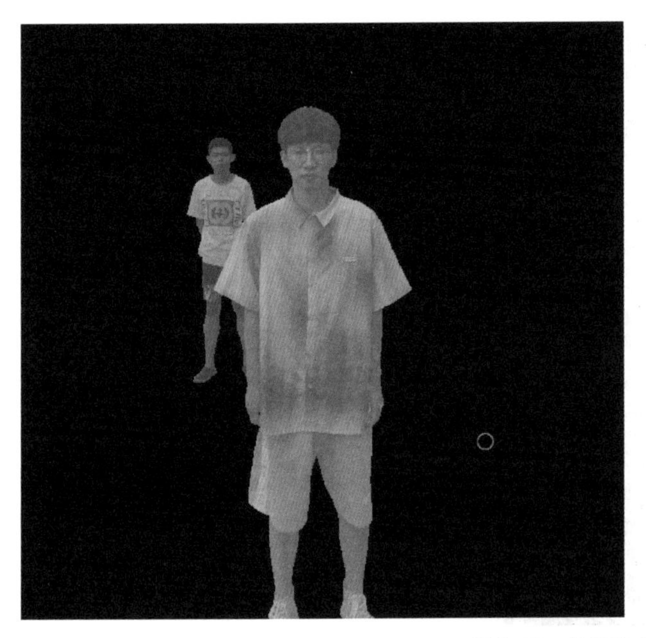

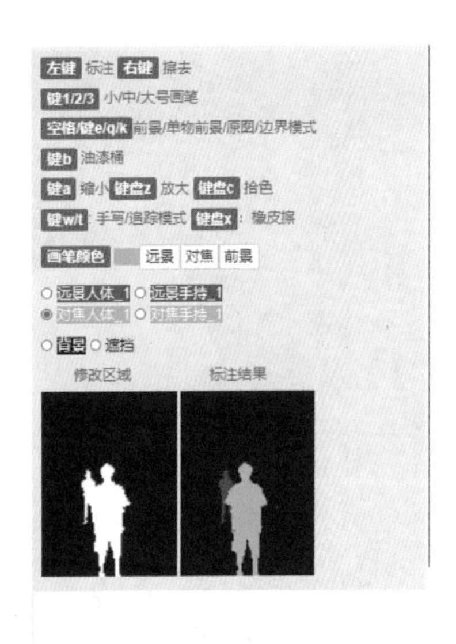

图8-29　前景模式

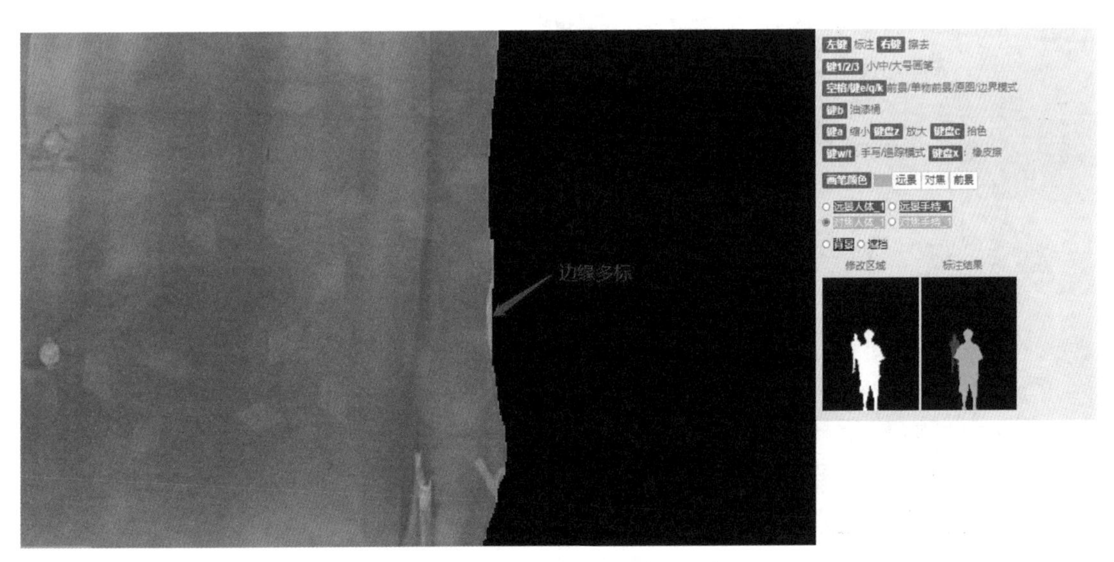

图8-30　前景模式下查看边缘是否多标

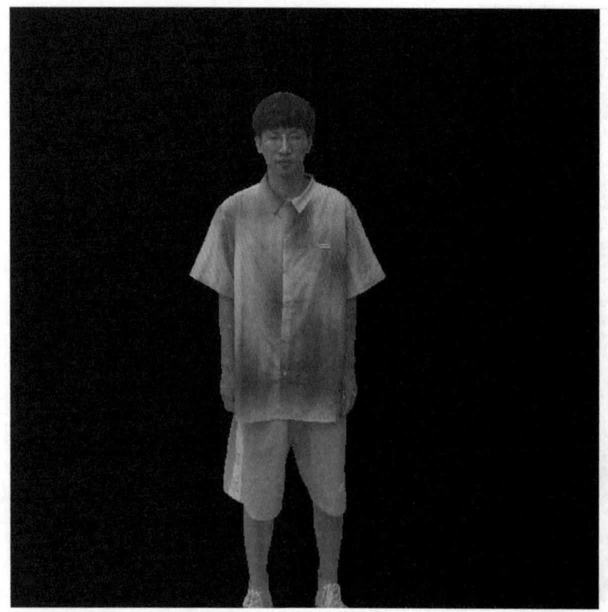

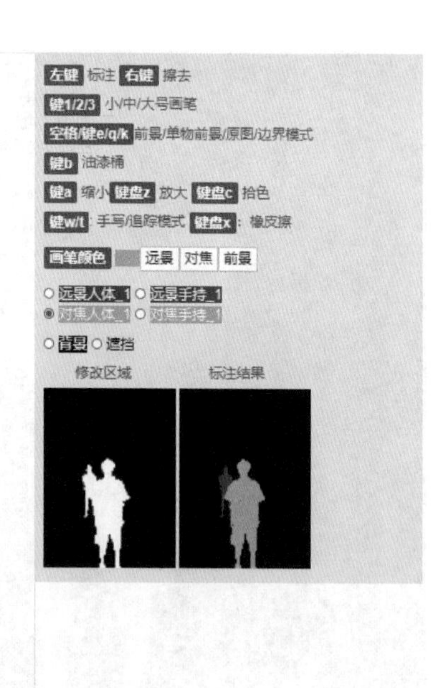

图8-31　单物前景模式

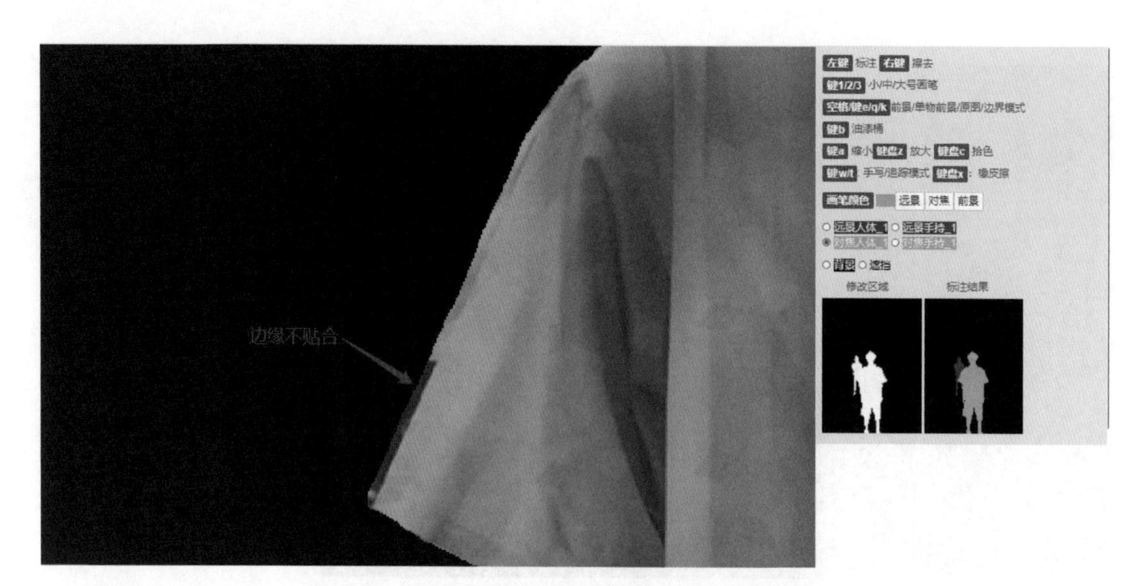

图8-32　单物前景模式下查看相邻图层的边缘是否不贴合

精细分割标注工具的快捷键如图 8-33 所示。

快捷键	空格	E	Q	K	B	C	W	T	U
对应功能	切换到前景模式	切换到单物前景模式	切换到原图模式	切换到边界模式	油漆桶	拾色	切换到手写模式	切换到追踪模式	撤销

图8-33　精细分割标注工具的快捷键

在实际标注操作中，数据标注工程师总结了以下几类人像抠图细节。

- 若目标人物在背包状态中，将背包全部标成人体。
- 对人物手持有的物品（常见的水瓶、手机、包）不进行标注。
- 对于头发，形状成缕的标上，成丝或成片的不标，如图 8-34 所示。

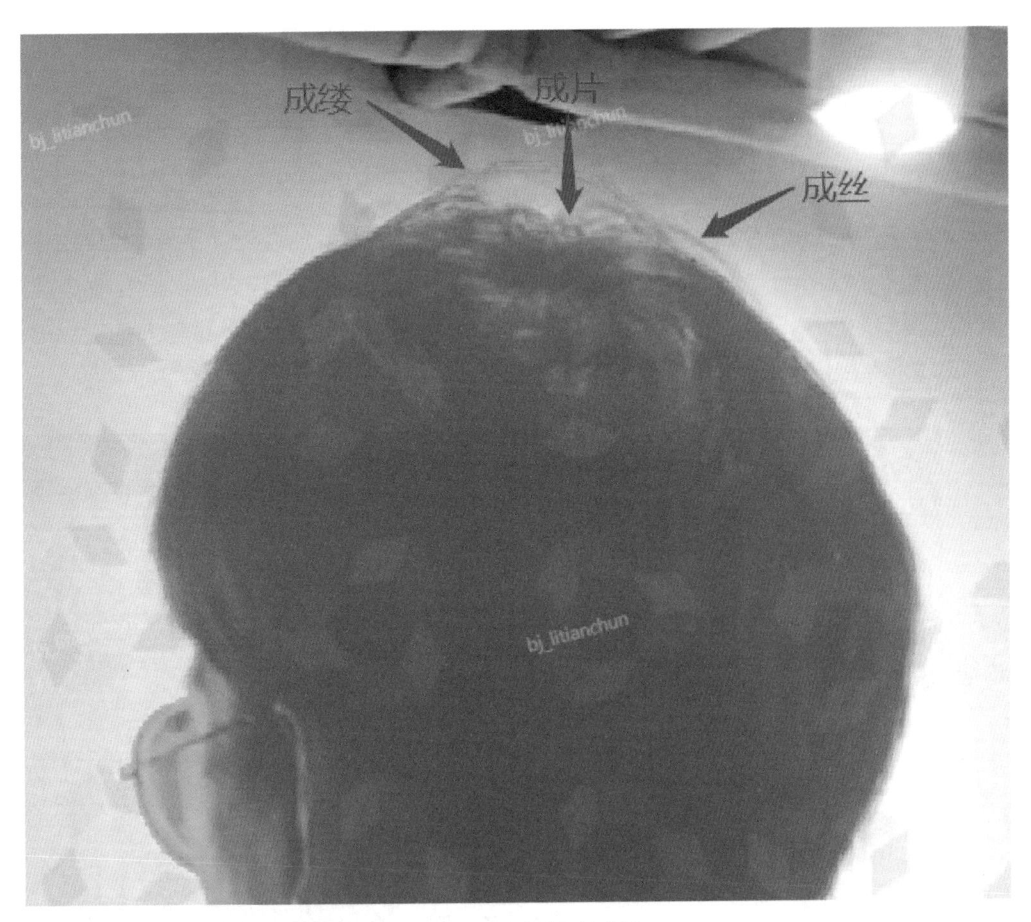

图8-34　头发的标注效果

- 若人体部分有残影，正常标注，如图 8-35 所示，目标人物虽然手部有残影，但是不影响正常标注。

图8-35 残影

- 对于人物轮廓中的虚化边缘，标注结果可有 3 ~ 5 像素的误差，不要明显漏出黑边，如图 8-36 所示。正确标注方法如图 8-37 所示，标注结果与人物实际轮廓边缘之间的误差在 3 ~ 5 像素点；错误标注方法如图 8-38 所示，标注结果与人物实际轮廓边缘之间有明显误差且超过 5 像素。

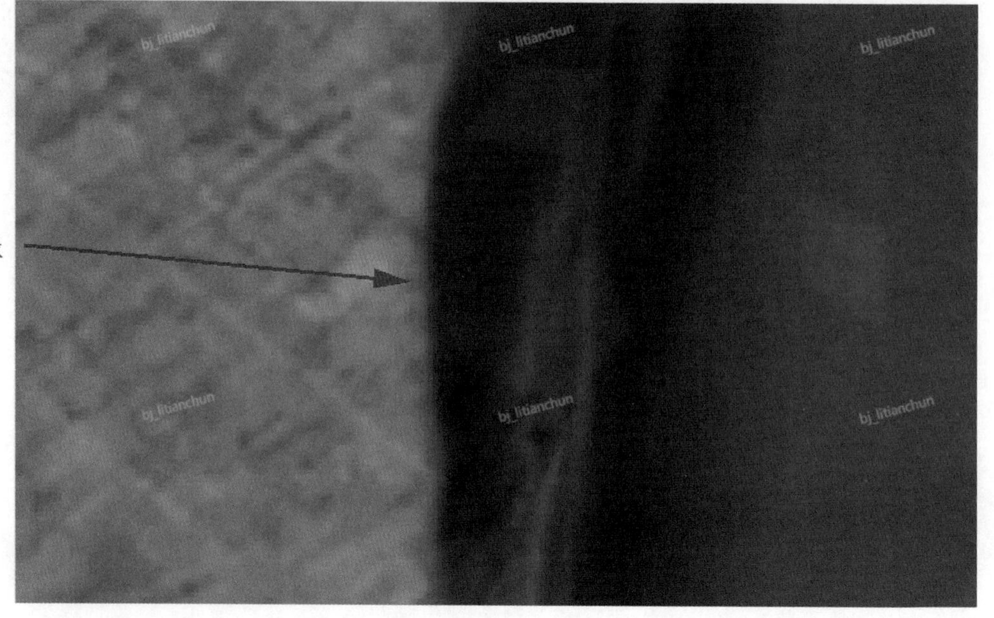

图8-36 虚化边缘

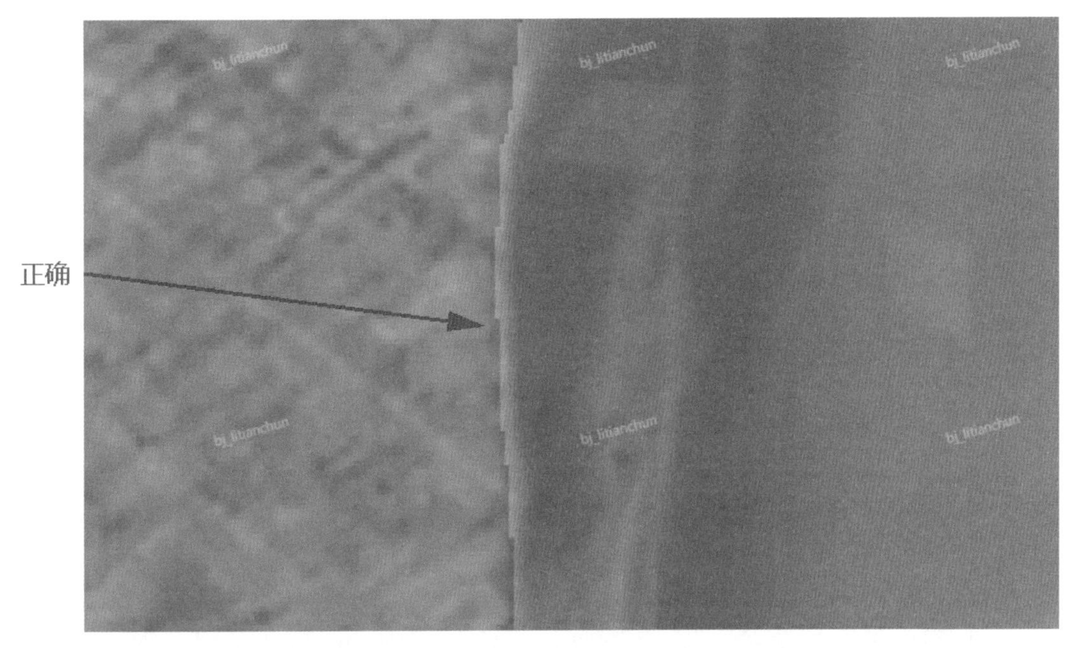

图8-37　正确标注方法

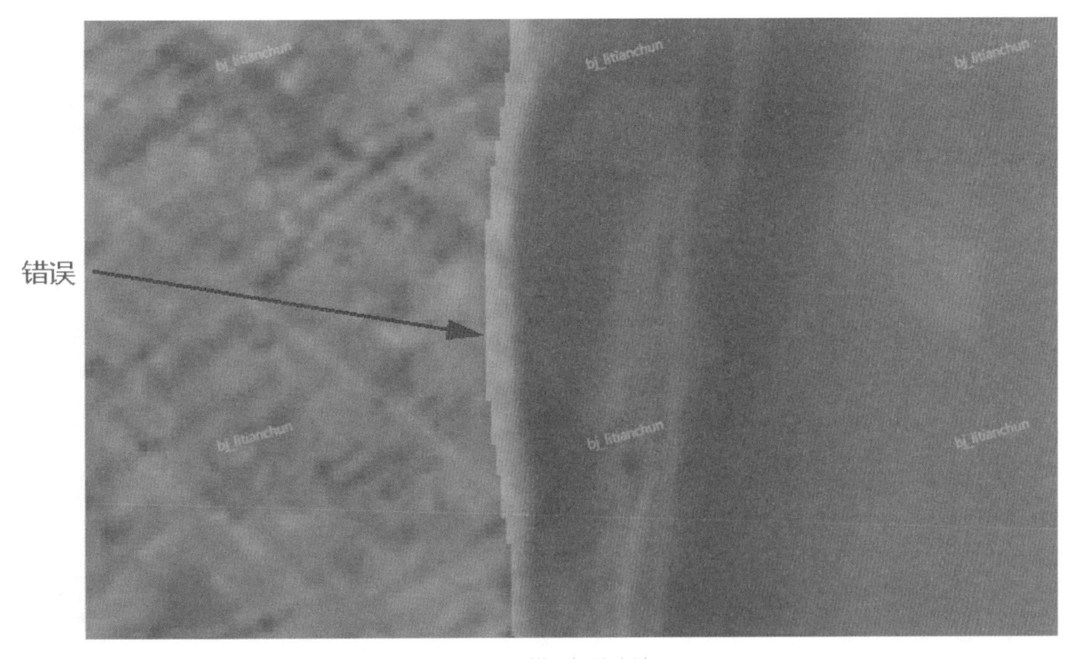

图8-38　错误标注方法

- 若整张图因为拍摄时采集人的手抖导致全图模糊，不标注。

最后，对标注好边缘轮廓的人物进行颜色填充，在人物轮廓完整标注后，使用油漆桶功能对闭合的人物轮廓进行涂色，如图 8-39（a）与（b）所示。

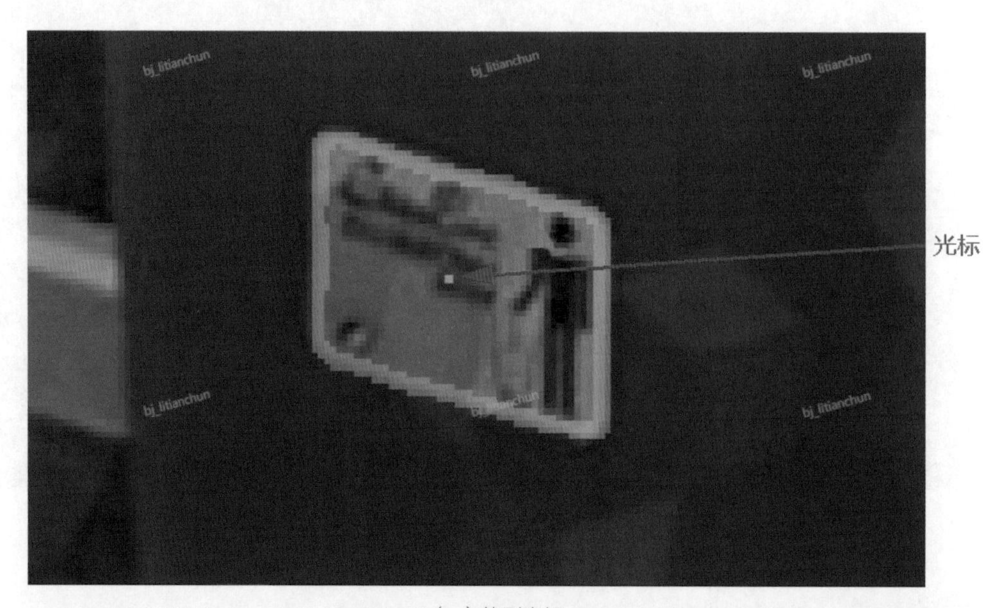

（a）找到光标

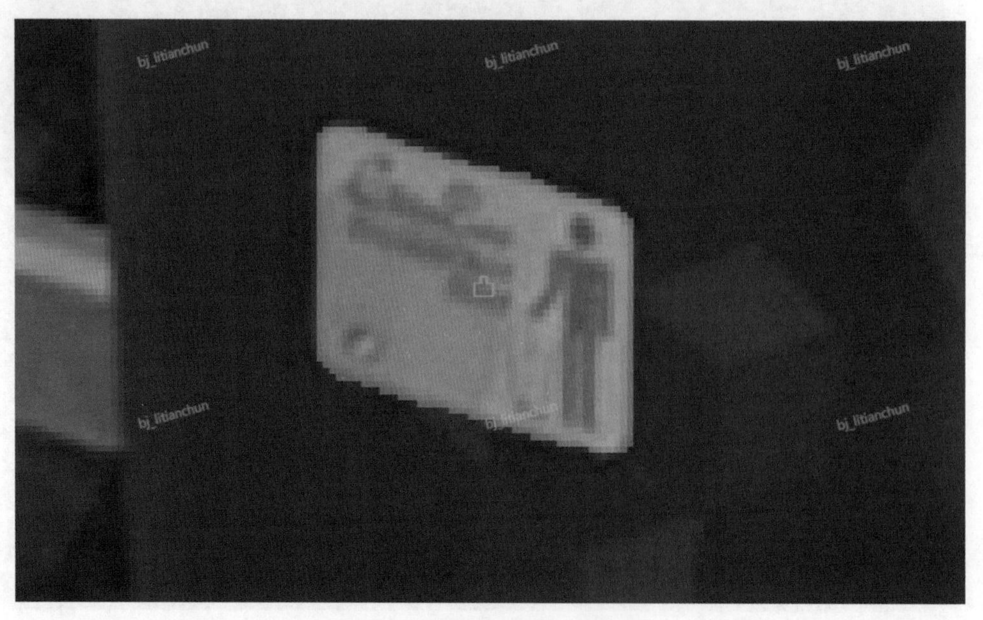

（b）通过单击填充，闭合区域内的颜色

图8-39　油漆桶功能展示

【思考与讨论】

你是用什么方法判断远处的人物是否“小于主体人物 1/3”的呢？

8.3.3　标注难点

本节介绍标注难点。

若人物边缘与背景颜色相近，容易出现漏标。如图 8-40 所示，人物鞋跟处与背景颜色相近处，因此出现漏标的情况。

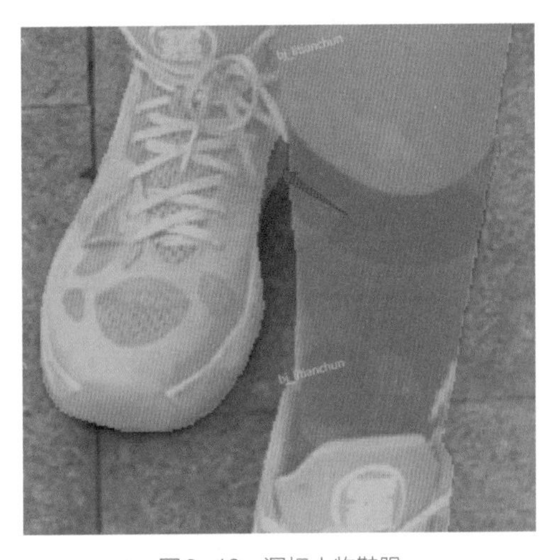

图8-40　漏标人物鞋跟

若头发间的空隙或人物衣服间的空隙细小，容易出现漏标背景的情况。如图 8-41 所示，人物头发间的背景空隙也被标成了人物图层，漏标了背景。

图8-41　漏标背景

若人物中附带细小的、成缕的头发，容易漏标。如图 8-42 所示，对于人物成缕的头发，出现漏标的情况。

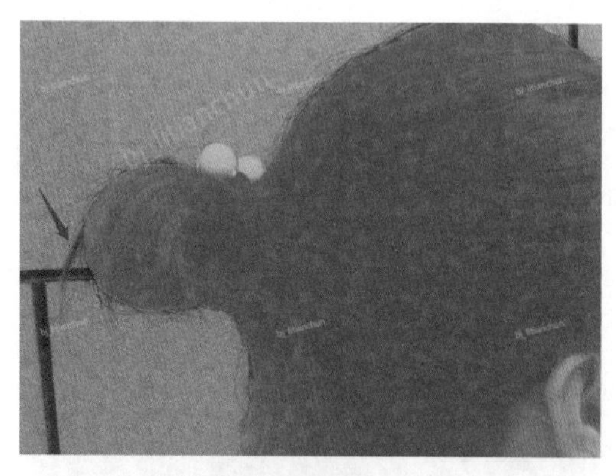

图8-42　漏标成缕的头发

8.3.4　生活中的应用

人像美化

拍照中，单纯提高图片的清晰度已经不能满足人们对于美的追求，于是各种“特效相机”的“换背景”功能相继出现。

如图 8-43 所示，人像抠图技术可以将原始图片中的人像从背景中分离出来，选择新的背景图像进行替换、合成。如图 8-44 所示，在直播过程中，通过特效相机可以为人像实时增加各种设定的背景特效、贴纸道具。

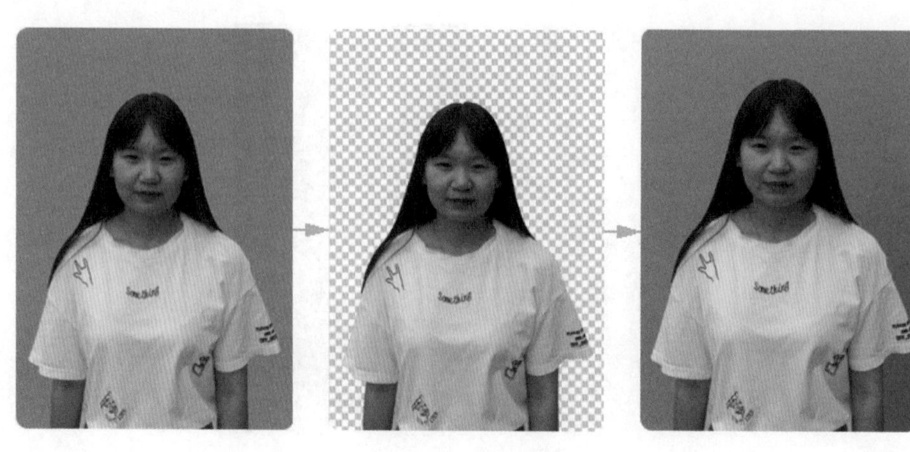

图8-43　人像抠图

图 8-44　特效相机

8.3.5　精细分割标注工具的现状与发展

精细分割标注工具在计算机视觉中用于分割图片。该工具通常分为人像分割及物品分割两类，本节重点介绍的为人像分割部分。人像分割自身具有识别功能，能够用于识别目标人体，完成视频流的实时输出，目前常应用于智能手机中的拍照和视频录制，实现人物留色、背景虚化等功能。相机新功能的实现需要大量的数据算法训练，旷视 Data++ 数据标注平台在人物分割方面可以做到迅速划分标注区域，更好地适用于大体量数据项目。由于人物分割工具在操作中需进行高精度准确标注，需要数据标注工程师在操作过程中熟练使用快捷键，利用平台的多项功能完成像素级别分割标注。

精细分割是在使用快捷键的前提之下可以直观提升标注效率的工具之一。快捷键的使用就好像游戏中的“连招”一样。组合使用一些快捷键可以为标注效率与质量的提升带来意想不到的效果。一个可以熟练使用快捷键的标注工程师甚至可以让整个标注过程的时长缩短一半以上。下面就介绍几种常见的快捷键使用方法。

通过空格键（或 E 键）和 Q 键反复切换模式，从而快速、全面检查标注结果边缘的贴合程度。

通过 C 键的取色功能快速选取想要查看的图层并使用 E 键的单物前景模式，仅查看该图层的标注结果，可以去除其他图层对于标注结果的影响。

通过快捷键 C 的取色功能，快速选取想要填色的图层，并使用 B 键的油漆桶功能实现一键填色，省去了大量用画笔涂色的时间。需要注意的是，通过油漆桶填色必须在闭合区域内，否则会使背景部分被误填色。

熟练掌握这些快捷键组合可以在实际标注过程中有效提高标注效率。

8.3.6 小结

本节重点介绍了人像抠图标注工具的概念、使用方法、难点，以及在日常生活中的应用。人像抠图标注工具利用像素级标注的方式准确定位人物的位置及轮廓，能够最大限度地减少背景、误差等因素带来的影响。配合计算机算法，该工具可用于进一步识别目标人物，常应用于人像美化、影视后期处理等行业。在使用人像抠图标注工具时，应关注图中需要标注的人物及其对应的图层，牢记人物标注方法，重点关注图中细小的缝隙、与背景颜色相近的轮廓、头发等位置，避免出现错误标注。

参考资料

管业鹏 . 基于人脸朝向的非穿戴自然人机交互方法 [D]. 上海：上海大学，2015 [2015-4-21] .

声明

本书旨在指导数据标注的具体实践，帮助相关从业者建立规范化的操作流程。需要明确的是，AI 技术的发展与应用应严格遵守相关地区法律法规及社会伦理要求。本书中涉及的技术应用场景仅作为实践示例参考，不应被视作业务指导，亦不代表作者观点。本书中所有人物图片均已获得本人的授权，并已进行必要的脱敏处理。